国家示范性高等职业院校建设计划项目 中央财政支持重点建设专业
全国高职高专园林类专业规划教材

园林工程测量技术

主编 韩学颖

U0364516

黄河水利出版社
·郑州·

内 容 提 要

  本教材是全国高职高专园林类专业规划教材。本教材以项目教学法为依据进行编制。全书共分为八个教学项目,下设二十六个教学任务,主要内容有园林测量基础知识及学习要求、水准测量、角度测量、直线距离测量、小地区控制测量、大比例尺地形图的测绘、园林工程施工放样、全站仪的使用等。

  本书不仅适用于高职高专园林工程技术专业教学,也可作为林学、园艺、规划、园林技术、设施农业等专业教材,还可供相关工程技术人员参考。

图书在版编目(CIP)数据

园林工程测量技术/韩学颖主编. —郑州:黄河水利出版社,2012.8

国家示范性高等职业院校建设计划项目　中央财政支持重点建设专业

全国高职高专园林类专业规划教材

ISBN 978 - 7 - 5509 - 0285 - 5

Ⅰ.①园… Ⅱ.①韩… Ⅲ.①园林 - 工程测量 - 高等职业教育 - 教材 Ⅳ.①TU986.2

中国版本图书馆 CIP 数据核字(2012)第 122699 号

出 版 社:黄河水利出版社　　　　　　　　　　网址:www.yrcp.com

   地址:河南省郑州市顺河路黄委会综合楼14层　邮政编码:450003

发行单位:黄河水利出版社

   发行部电话:0371 - 66026940、66020550、66028024、66022620(传真)

   E-mail:hhslcbs@126.com

承印单位:河南承创印务有限公司

开本:787 mm × 1 092 mm　1/16

印张:13.5

字数:312 千字　　　　　　　　　　　　　　印数:1—3 100

版次:2012 年 8 月第 1 版　　　　　　　　　印次:2012 年 8 月第 1 次印刷

定价:32.00 元

前　言

　　《园林工程测量技术》是园林专业的一门重要的专业课程。根据高等职业教育注重学生动手能力培养的特点和用人单位对学生实际操作能力的需求,本教材在编写过程中紧密结合园林工作实际,突出实践能力的培养,并力求体现测绘学科体系的完整性。本教材采用任务教学法进行编制,侧重培养学生的基本测量技术的能力和园林景观工程测量放线的技能。全书共分为八个项目,根据学习需要每个项目下分为若干个学习任务,每个任务先明确学习目的再提出具体的任务内容,最后提供学生完成任务所必须的知识内容。教材的编制便于教师的教学组织和提高学生的主动学习能力、动手操作能力和解决实际问题的能力。

　　本教材内容的八个学习项目包括园林测量基础知识及学习要求、水准测量、角度测量、直线距离测量、小地区控制测量、大比例尺地形图的测绘、园林工程施工放样和全站仪的使用。本教材由韩学颖任主编,陈涛、罗灿、罗来和、张锐、那伟民、李岩岩、周际任副主编。全书由韩学颖进行统稿,并作了修改。

　　本教材中参考的资料和图等均列入了参考文献,在此对这些文章的作者表示衷心的感谢。

　　由于编者水平有限,书中的疏漏和错误在所难免,恳请广大师生和读者批评和指正。

编　者

2012 年 7 月

目　录

项目一　园林测量基础知识及学习要求

【学习目标】

了解工程测量的基本概念和分类;理解水准面、大地水准面、地理坐标系、独立平面直角坐标系、高斯平面直角坐标系、绝对高程、相对高程和高差的概念;掌握测量工作的组织原则和程序以及本课程的学习方法。

【学习任务】

测量工作的基本内容和学习本课程的要求。

【基础知识】

一、测量学科的定义和分类

(一)测量学的定义

测量学是研究地球的形状和大小以及确定地面(包含空中、地下和海底)点位的科学。测量工作主要有测定和测设两项任务。

(1)测定(测绘),由地面到图形。指使用测量仪器,通过测量和计算,得到一系列测量数据,或把地球表面的地形缩绘成地形图。

(2)测设(放样),由图形到地面。指把图纸上规划设计好的建筑物、构筑物的位置在地面上标定出来,作为施工的依据。

(二)测量学科的分类

测量学科按照研究范围和对象的不同,产生了许多分支科学。一般分为普通测量学、大地测量学、摄影测量学、工程测量学和制图学。

工程测量是指工程建设和资源开发的勘测设计、施工、竣工、变形观测和运营管理各阶段中进行的各种测量工作的总称。

二、地面点位的确定

地面点位的确定,一般需要三个量。在测量工作中,我们一般用某点在基准面上的投影位置 (x,y) 和该点离基准面的高度 (H) 来确定。

(一)测量基准面

(1)测量工作基准面——水准面、大地水准面(见图 1-1)。

测量工作是在地球表面进行的,而海洋占整个地球表面的 71% ,故最能代表地球表面的是海水面,人们将海水面所包围的地球形体看做地球的形状。测量工作基准面自然选择海水面。

①水准面,静止海水面所形成的封闭的曲面。

②大地水准面,通过平均海水面的那个水准面。

③水准面的特性为水准面是处处与铅垂线正交、封闭的重力等位曲面。

④铅垂线,测量工作的基准线。

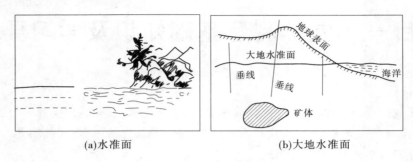

(a)水准面　　　　　　　　　(b)大地水准面

图 1-1　水准面和大地水准面

（2）测量计算基准面——旋转椭球。

地球内部质量分布不均匀,引起铅垂线的方向产生不规则的变化,致使大地水准面成为一个复杂的曲面,无法在这个曲面上进行测量数据的处理。为了计算方便,通常用一个非常接近于大地水准面,并可用数学式表示的几何体来代替地球的形状,这就产生了旋转椭球的概念。

旋转椭球是由一椭圆（长半轴 a ,短半轴 b）绕其短半轴 b 旋转而成的椭球体（见图 1-2）。

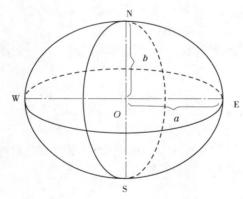

图 1-2　旋转椭球

（二）地面点的坐标

坐标分为地理坐标、平面直角坐标和高斯平面直角坐标。

1. 地理坐标

地理坐标（属于球面坐标系统）用经度和纬度来表示,适用于在地球椭球面上确定点位。

2. 平面直角坐标

平面直角坐标用坐标(x , y)来表示,适用于测区范围较小的情况,可将测区曲面当做平面看待。它与数学中平面直角坐标系相比有以下区别（见图 1-3、图 1-4）。

（1）测量上取南北方向为纵轴（x 轴）,东西方向为横轴（y 轴）。

（2）角度方向顺时针度量，象限按顺时针编号。

但是，数学中的三角公式在测量计算中可直接应用。

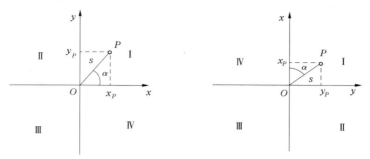

图 1-3　数学上的平面直角坐标　　　　图 1-4　测量上的平面直角坐标

3. 高斯平面直角坐标

高斯平面直角坐标适用于测区范围较大的情况，不能将测区曲面当做测区平面看待。当测区范围较大时，若将曲面当做平面来看待，则把地球椭球面上的图形展绘到平面上来，必然产生变形，为减小变形，必须采用适当的方法来解决。测量上常采用的方法是高斯投影方法。高斯投影方法是将地球划分成若干带，然后将每带投影到平面上。

（三）地面点的高程

（1）绝对高程 H（海拔），地面点到大地水准面的铅垂距离，如图 1-5 所示，H_A、H_B 分别为 A 点和 B 点的绝对高程。

（2）相对高程 H'，地面点到假定水准面的铅垂距离，如图 1-5 所示。H'_A、H'_B 分别为 A 点和 B 点的相对高程。

（3）高差 $h_{AB} = H_B - H_A = H'_B - H'_A$，如图 1-5 所示。

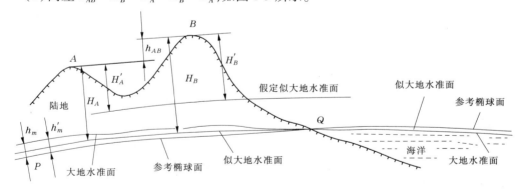

图 1-5　高程与高差

（4）我国的高程系统。

我国的高程系统主要有 1985 国家高程系统、1956 黄海高程系统、地方高程系统（如珠江高程系统）。其中，我国的水准原点建在青岛市观象山，在 1985 国家高程系统中，其高程为 72.260 m；在 1956 黄海高程系统中的高程为 72.289 m。

三、测量工作概述

(一)测量的基本工作

由于地面点间的相互位置关系,是以水平角(方向)、距离和高差来确定的,故测角、量距、测高程是测量的基本工作,观测、计算和绘图是测量工作的基本技能。

(二)测量工作中用水平面代替水准面的限度

用水平面来代替水准面,可以使测量和绘图工作大为简化,下面来讨论由此引起的影响。

(1)对水平角、距离的影响。在面积约 320 km² 内,可忽略不计。

(2)对高程的影响。即使距离很短也要顾及地球曲率的影响。

(三)测量工作的基本原则

(1)布局上"由整体到局部",精度上"由高级到低级",工作次序上"先控制后细部"。

(2)前一步工作未作检核,不进行下一步工作。

四、学习本课程的意义及要求

(一)学习本课程的意义

(1)园林工程的设计、施工、竣工等均要进行测量工作。

(2)从高职专业的特点来说,更要学好测量。高职教育是培养高等级专门应用性的人才,高职专业更加注重动手能力的培养,而测量课程是培养动手能力的重要途径之一。

(二)学习本课程的要求

1. 测量试验规定

(1)在测量试验之前,应复习教材中的有关内容,认真仔细地预习试验,明确目的与要求、熟悉试验步骤、注意有关事项,并准备好所需文具用品,以保证按时完成试验任务。

(2)试验分小组进行,组长负责组织协调工作,办理所用仪器工具的借领和归还手续。

(3)试验应在规定的时间进行,不得无故缺席或迟到早退;应在指定的场地进行,不得擅自改变地点或离开现场。

(4)必须严格遵守本书列出的"测量仪器工具的借领与使用规则"和"测量记录与计算规则"。

(5)服从教师的指导,每人都必须认真、仔细地操作,培养独立工作能力和严谨的科学态度,同时要发扬互相协作精神。每项试验都应取得合格的成果并提交书写工整规范的试验报告,经指导教师审阅签字后,方可交还测量仪器和工具,结束试验。

(6)试验过程中,应遵守纪律,爱护现场的花草、树木和农作物,爱护周围的各种公共设施,任意砍折、踩踏或损坏者应予赔偿。

2. 测量仪器工具的借领与使用规则

1)测量仪器工具的借领

(1)在教师指定的地点办理借领手续,以小组为单位领取仪器工具。

(2)借领时应该当场清点检查。实物与清单是否相符,仪器工具及其附件是否齐全,背带及提手是否牢固,脚架是否完好等。如有缺损,可以补领或更换。

(3)离开借领地点之前,必须锁好仪器箱并捆扎好各种工具;搬运仪器工具时,必须轻取轻放,避免剧烈震动。

(4)借出仪器工具之后,不得与其他小组擅自调换或转借。

(5)试验结束,应及时收装仪器工具,送还借领处检查验收,消除借领手续。如有遗失或损坏,应写出书面报告说明情况,并按有关规定给予赔偿。

2)测量仪器使用注意事项

(1)携带仪器时,应注意检查仪器箱盖是否关紧锁好,拉手、背带是否牢固。

(2)打开仪器箱之后,要看清并记住仪器在箱中的安放位置,避免以后装箱困难。

(3)提取仪器之前,应注意先松开制动螺旋,再用双手握住支架或基座轻轻取出仪器,放在三脚架上,保持一手握住仪器,一手去拧连接螺旋,最后旋紧连接螺旋使仪器与脚架连接牢固。

(4)装好仪器之后,注意随即关闭仪器箱盖,防止灰尘和湿气进入箱内。仪器箱上严禁坐人。

(5)人不离仪器,必须有人看护,切勿将仪器靠在墙边或树上,以防跌损。

(6)在野外使用仪器时,应该撑伞,严防日晒雨淋。

(7)若发现透镜表面有灰尘或其他污物,应先用软毛刷轻轻拂去,再用镜头纸擦拭,严禁用手帕、粗布或其他纸张擦拭,以免损坏镜头。观测结束后应及时套好物镜盖。

(8)各制动螺旋勿扭过紧,微动螺旋和脚螺旋不要旋到顶端。使用各种螺旋都应均匀用力,以免损伤螺纹。

(9)转动仪器时,应先松开制动螺旋,再平衡转动。使用微动螺旋时,应先旋紧制动螺旋。动作要准确、轻捷,用力要均匀。

(10)使用仪器时,对仪器性能尚未了解的部件,未经指导教师许可不得擅自操作。

(11)仪器装箱时,要放松各制动螺旋,装入箱后先试关一次,在确认安放稳妥后,再拧紧各制动螺旋,以免仪器在箱内晃动、受损,最后关箱上锁。

(12)测距仪、电子经纬仪、电子水准仪、全站仪等电子测量仪器,在野外更换电池时,应先关闭仪器的电源;装箱之前,也必须先关闭电源,才能装箱。

(13)仪器搬站时,对于长距离或难行地段,应将仪器装箱,再行搬站。在短距离和平坦地段,先检查连接螺旋,再收拢脚架,一手握基座或支架,一手握脚架,竖直地搬移,严禁横扛仪器进行搬移。罗盘仪搬站时,应将磁针固定,使用时再将磁针放松。装有自动归零补偿器的经纬仪搬站时,应先旋转补偿器关闭螺旋将补偿器托起才能搬站,观测时应记住及时打开。

3)测量工具使用注意事项

(1)水准尺、标杆禁止横向受力,以防弯曲变形。作业时,水准尺、标杆应由专人认真扶直,不准贴靠树上、墙上或电线杆上,不能磨损尺面分划和漆皮。塔尺的使用,还应注意接口处的正确连接,用后及时收尺。

(2)测图板的使用,应注意保护板面,不得乱写乱扎,不能施以重压。

(3)皮尺要严防潮湿,万一潮湿,应晾干后再收入尺盒内。

（4）钢尺应防止扭曲、打结和折断，防止行人踩踏或车辆碾压，尽量避免尺身着水。用完钢尺，应擦净、涂油，以防生锈。

（5）小件工具如垂球、测钎、尺垫等应用完即收，防止遗失。

（6）若发现测距仪或全站仪使用的反光镜表面有灰尘或其他污物，应先用软毛刷轻轻拂去，再用镜头纸擦拭。严禁用手帕、粗布或其他纸张擦拭，以免损坏镜面。

3. 测量记录与计算规则

（1）所有观测成果均要使用硬性（2H 或 3H）铅笔记录，同时熟悉表上各项内容及填写、计算方法。记录观测数据之前，应将仪器型号、日期、天气、测站、观测者及记录者姓名等无一遗漏地填写齐全。

（2）观测者读数后，记录者应随即在测量手簿上的相应栏内填写，并复诵回报，以防听错、记错。不得另纸记录，事后转抄。

（3）记录时要求字体端正清晰，字体的大小一般占格宽的一半左右，留出空隙作改正错误用。

（4）数据要全，不能省略零位。如水准尺读数 1.300、度盘读数 30°00′00″中的"0"均应填写。

（5）水平角观测，秒值读记错误应重新观测，度、分读记错误可在现场更正，但同一方向盘左、盘右不得同时更改相关数字。垂直角观测中分的读数，在各测回中不得连环更改。

（6）距离测量和水准测量中，厘米及以下数值不得更改，米和分米的读记错误，在同一距离、同一高差的往、返测或两次测量的相关数字不得连环更改。

（7）更正错误，均应将错误数字、文字整齐画去，在上方另记正确数字和文字。画改的数字和超限画去的成果，均应注明原因和重测结果的所在页数。

（8）按四舍五入，五前单进双舍（或称奇进偶不进）的取数规则进行计算。如数据 1.123 5 和 1.124 5 进位均为 1.124。

项目二　水准测量

【学习目标】

掌握水准仪的使用和观测方法,水准路线的观测、记录和计算方法,水准仪的检验和校正方法。

【学习任务】

水准仪的安置与读数,等外闭合水准测量的方法和成果计算,支路水准测量的方法和成果计算,水准仪的检验和校正。

任务一　水准仪的安置与读数

一、任务内容

(一)任务目的

(1)了解水准仪的原理、构造。

(2)掌握水准仪的使用方法。

(二)仪器设备

6 名学生为一组,每组配备自动安平水准仪 1 台、水准尺 1 对、记录板 1 个。

(三)学习任务

每组每位同学完成整平水准仪 4 次、读水准尺读数 4 次。

(四)要点及流程

(1)要点:水准仪安置时,要掌握水准仪圆水准气泡的移动方向始终与操作者左手旋转脚螺旋的方向一致的规律。读数时,要记住水准尺的分划值为 1 cm,要估读至 mm。

(2)流程:架上水准仪—整平仪器—读取水准尺上读数—记录。

(五)记录

(1)水准仪由_____、_____、_____组成。

(2)水准仪粗略整平的步骤是:

_____

_____

(3)水准仪照准水准尺的步骤是:

_____

(4)水准尺读数步骤是:

_____

（5）A 点处的水准尺读数是：＿＿＿＿＿＿，

    B 点处的水准尺读数是：＿＿＿＿＿＿，

    C 点处的水准尺读数是：＿＿＿＿＿＿，

    D 点处的水准尺读数是：＿＿＿＿＿。

（6）消除视差的方法是：

＿＿＿

＿＿＿

＿＿＿

二、学习资料

测量地面上各点高程的工作叫高程测量，根据使用仪器和施测方法的不同分为水准测量、三角高程测量、气压高程测量、液体静力水准测量、GPS 高程测量，其中水准测量精度较高，是高程测量中最主要的方法，在工程测量中应用较广泛。

（一）水准测量原理

水准测量是利用水准仪提供一条水平视线，配合水准尺，测得两点间的高差，根据已知点的高程，计算待定点高程的方法。

如图 2-1 所示，已知 A 点高程 H_A，欲求 B 点高程 H_B，首先将水准仪安置在 A、B 两点之间，在 A、B 两点上竖立水准尺，确定观测方向：已知点 A 为后视点，待定点 B 为前视点。后视点上水准尺读数称为后视读数 a，前视点上水准尺读数称为前视读数 b。

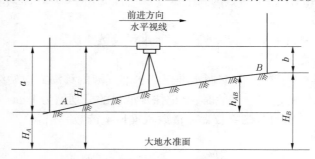

图 2-1　水准测量原理

则 B 点对 A 点的高差

$$h_{AB} = a - b \tag{2-1}$$

待求点 B 的高程

$$H_B = H_A + h_{AB} \tag{2-2}$$

式（2-2）利用高差推算高程的方法，称为高差法。

在地形测量和各种工程的施工测量中，安置一次仪器常常要求出若干个前视点的高程，这时，为了便于计算，可以先求出水准仪提供的水平视线的高程（记做 H_i），再分别计算各待定点的高程。

视线高程

$$H_i = h_A + a \tag{2-3}$$

待求点高程

$$H_B = H_i - b \tag{2-4}$$

式(2-4)利用视线高程推算高程的方法,称为视线高程法。高差有正负之分:若 $a > b$,$h_{AB} > 0$,此时 B 点比 A 点高;反之,B 点比 A 点低。测定两点之间高差时,若观测方向相反,则所测高差理论上数值相等,符号相反,即 $h_{AB} = -h_{BA}$。

(二)水准测量的仪器和工具

水准测量常用的仪器和工具有水准仪、水准尺和尺垫。

1. 水准仪的类型

水准仪按其构造可分为微倾式水准仪、自动安平水准仪、电子水准仪、激光水准仪等。按其精度可分为 DS_{05}、DS_1、DS_3、DS_{10}、DS_{20},其中 D 代表"大地测量",S 代表"水准仪",下脚标 05、1、3、10、20 是指该仪器精度为每千米往返测高差中误差(mm)的大小,其型号及主要用途见表 2-1。

表 2-1 水准仪的型号及主要用途

水准仪型号	DS_{05}	DS_1	DS_3	DS_{10}	DS_{20}
每千米往返测高差中误差(mm)	≤0.5	≤1	≤3	≤10	≤20
主要用途	国家一等水准测量及科学研究工作	国家二等水准测量及其他精密水准测量	国家三、四等水准一般工程水准测量	一般工程水准测量	建筑和农田水准测量

1)DS_3 型微倾水准仪

DS_3 型微倾水准仪由望远镜、水准器、基座三部分构成,图 2-2 是常用 DS_3 型微倾水准仪。

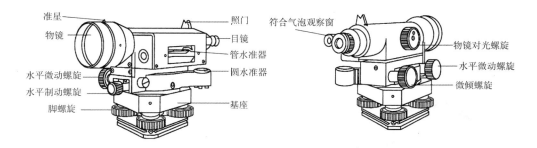

图 2-2 常用 DS_3 型微倾水准仪

(1)望远镜的组成及成像原理。

望远镜是提供水平视线和进行照准读数的设备,它主要由物镜、十字丝、目镜、对光透镜和对光螺旋等部分组成,望远镜的物镜、目镜、对光透镜都采用组合透镜。图 2-3 是 DS_3 型水准仪望远镜的构造剖面图。如图 2-4 所示,观测时物镜对向目标,目标通过物镜后成一倒立实像。为瞄准目标,需要通过对光透镜的前后移动,使目标 AB 的成像 A_1B_1 在十字丝分划板上,物像 A_1B_1 很小,不可能用肉眼直接观测到,所以在十字丝分划板后面装一目镜,观测者对目镜适当调焦,就可以看见 A_1B_1 的放大虚像 A_2B_2 了,若在倒立缩小实像后再加一凸透镜组,就可得到正立的虚像。

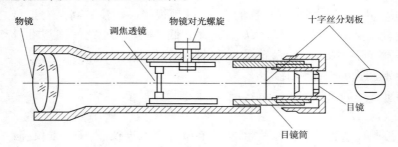

图 2-3　DS₃ 型水准仪望远镜的构造剖面图

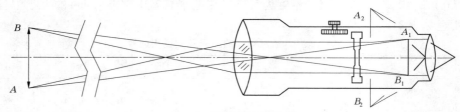

图 2-4　望远镜成像原理

望远镜放大的虚像与用眼睛直接看到的目标大小的比值叫望远镜放大率,普通水准仪放大率为 18～30 倍。十字丝是用来精确地对准目标的,十字丝交点与物镜光心的连线称为视准轴,当视准轴水平时则视线水平。

十字丝分划板装在十字丝环上(见图 2-5),用三个或四个校正螺旋固定在望远镜筒上。分划板上刻有一根竖丝、三根横丝(分别称为上丝、中丝、下丝,其中上丝、下丝为视距丝)。

(2)水准器的分类。

①管水准器。管水准器简称水准管(见图 2-6),为一圆柱形玻璃管,管内表面的纵向被研磨成一圆弧,管内充以乙醚和酒精的混合液,装满后加热,液体膨胀而溢出一部分后封口。冷却后,由于液体体积缩小,形成一个充满蒸汽的气泡,称为水准管气泡。

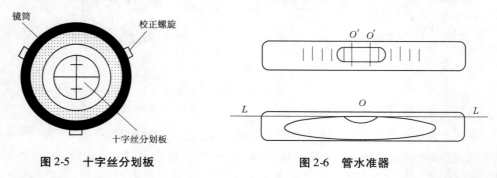

图 2-5　十字丝分划板　　　　　　　图 2-6　管水准器

因重力作用,气体比液体轻,所以气泡向高处游动,当管内液体的自由表面为水平时,气泡就位于中央。

水准管安装在长圆形的金属盒内(见图2-7),用石膏固定,仅露出中间部分,金属盒端部装的校正螺旋,可使水准管一端升高或降低。

水准管内表面纵向圆弧的中点,称为水准管零点。过零点与纵向圆弧相切的直线,叫水准管轴(图2-6中 L—L)。当气泡中心与零点重合时,为气泡居中,此时 L—L 处于水平状态。若气泡中心偏离零点到 O',表明 L—L 由水平位置倾斜一个 σ 角度(见图2-8)。

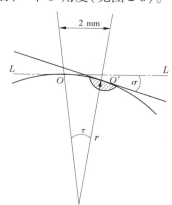

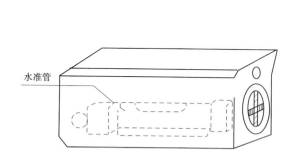

图 2-7　水准管

图 2-8　水准管分划值

为了易于判别气泡是否居中,在与零点等距的两端刻有两根较长的分划线 O'—O',再由此向两端每隔2 mm刻一分划线(见图2-6),2 mm的圆弧所对的圆心角,称为水准管分划值(又称格值),以 τ 表示,因此水准管轴倾斜的角度 σ 就可由气泡偏移格数反映出来。

由图2-8可知

$$\tau = \frac{2}{r}\rho'' \qquad (2\text{-}5)$$

式中　r——水准管圆弧半径,mm;

　　　ρ''——1 rad转化的角值,取值206 265″。

由此可知,水准管分划值 τ 与圆弧半径 r 成反比,半径愈大,τ 值愈小。

DS_3 型水准仪的 τ 值为20″/2 mm,精密水准仪的 τ 值为2″/2 mm。用水准器确定直线(或平面)成水平(或竖直)所能达到的精确程度,称为水准器的灵敏度。格值愈小,灵敏度愈高。

②圆水准器。圆水准器又叫水准盒(见图2-9)。圆水准器顶面内壁是半径为0.5~2 m的球面,球面中央刻有直径7~8 mm的小圆圈,圆圈的中点即是圆水准器的零点,过零点的法线即为圆水准

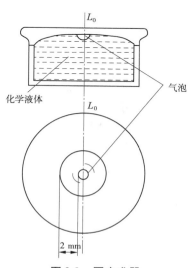

图 2-9　圆水准器

器的轴线,常以 L_0—L_0 表示,当气泡居中时,L_0—L_0 处于铅直状态。由于圆水准器分划值一般值为$(8' \sim 10')/2$ mm,所以其灵敏度低。

③符合水准器。为了提高判定气泡居中的准确度和提高工作效率,现代水准仪都采用符合棱镜水准器(统称符合水准器,如图 2-10(a)所示),在水准管的上方有一组棱镜,通过棱镜将气泡两端 1/4 弧的影像折射到一起。当气泡居中时,两端 1/4 弧的影像符合到一起形成圆弧(见图 2-10(b)),当气泡不居中时,影像错开。通过调节微倾螺旋使气泡完全符合到一起。

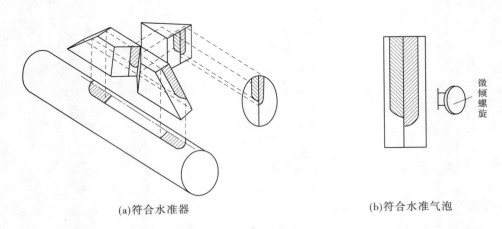

(a)符合水准器   (b)符合水准气泡

图 2-10 符合水准器构造

(3)基座。

基座部分主要由轴座、脚螺旋和联结板组成,起到支承仪器上部和与三脚架连接的作用。旋转脚螺旋,可使水准器气泡居中,竖轴处于铅直状态。

2)自动安平水准仪

(1)自动安平水准仪(见图 2-11(a))的特点。

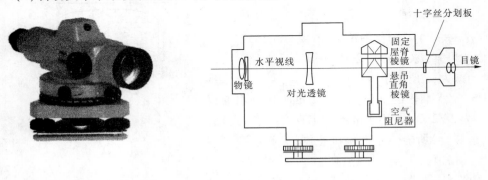

(a)自动安平水准仪   (b)自动安平补偿器

图 2-11 自动安平水准仪及补偿器

自动安平水准仪的特点是没有管水准器和微倾螺旋。在粗略整平后,即在圆水准器气泡居中的条件下,利用仪器内部的自动安平补偿器,就能获得水平视线,从而省略了精平过程,提高了观测速度和整平精度。自动安平补偿器的种类很多,常用的如图 2-11(b)所示。

DZS$_3$ 型自动安平水准仪采用悬吊棱镜组借助重力作用达到视线自动补偿的目的。图 2-11(b)所示为该类结构示意图,其中补偿器由一套安装在调焦透镜和十字丝分划板之间的棱镜组组成。屋脊棱镜固定在望远镜筒上,下方用交叉的金属丝悬吊两个直角棱镜,悬吊的棱镜在重力的作用下能与望远镜作相对的偏转,棱镜下方还设置了空气阻尼器,以保证悬吊的棱镜尽快地停止摆动。

(2)自动安平水准仪的基本原理。

如图 2-12 所示,视准轴水平时十字丝交点在 B 处,读到水平视线读数为 a_0。当视准轴倾斜了一个 α 角,十字丝交点从 B 处移到 A 处,显然 $AB = f\alpha$(f 为物镜等效焦距),这时从 A 处读到的数 α 不是水平视线的读数。为了在视准轴倾斜时,仍能在十字丝交点读到 α,在光路中装置一个"补偿器",使读数为 a_0 的水平光线通过补偿器偏转一个 β 角恰好通过倾斜视准轴十字丝交点 A。这时,$AB = S\beta$(S 为补偿器到十字丝交点 A 的距离),因此补偿器必须满足

$$\beta = \frac{f\alpha}{S} \tag{2-6}$$

这样,即使视准轴存在一定的倾斜(倾斜角限差为 $10'$),也能通过十字丝交点 A 读到视线水平时读数 a_0,达到了自动安平的目的。

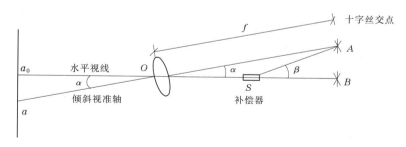

图 2-12　自动安平水准仪构造原理

3)电子水准仪

电子水准仪(见图 2-13(a))是在仪器望远镜光路中增加了分光镜和光电探测器(CCD 阵列)等部件,采用条形码分划水准尺和图像处理电子系统构成光、机、电及信息存储与处理的一体化水准测量系统。

(1)电子水准仪的原理。

图 2-13(b)为采用相关法的徕卡 NA3003 电子水准仪的机械光学结构图。当用望远镜照准标尺并调焦后,标尺上的条形码影像入射到分光镜上,分光镜将其分为可见光和红外光两部分,可见光影像成像在分划板上,供目视观测。红外光影像成像在 CCD 线阵光电探测器上,探测器将接收到的光图像先转换成模拟信号,再转换为数字信号传送给仪器的处理器,通过与机内事先存储好的标尺条形码本源数字信息进行相关比较,当两信号处于最佳相关位置时,即可获得水准尺上的水平视线读数和视距读数,最后将处理结果存储

并送往屏幕显示。

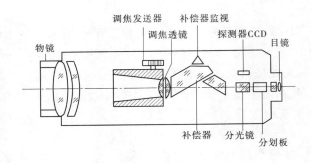

（a）电子水准仪　　　　　　　　　（b）电子水准仪的机械光学结构

图 2-13　电子水准仪及其机械光学结构

（2）电子水准仪的特点。

①用自动电子读数代替人工读数，不存在读错、记错等问题，没有人为读数误差。

②精度高，多条码（等效为多分划）测量，削弱标尺分划误差，自动多次测量，削弱外界环境变化的影响。

③速度快、效率高，实现自动记录、检核、处理和存储，可实现水准测量从外业数据采集到最后成果计算的内外业一体化。

④电子水准仪一般是设置有补偿器的自动安平水准仪，当采用普通水准尺时，电子水准仪又可当做普通自动安平水准仪使用。

2. 水准尺和尺垫

水准尺简称标尺，供仪器读数用，材质有木料和铝合金两种。尺身要求顺直，刻划准确、清晰。常见的有直尺（整体式标尺）和塔尺两种形式（见图 2-14）。直尺长 3 m，尺上装有水准器，配有手环，尺的一面是黑白刻划，尺底为零，另一面是红白刻划，尺底为 4 687或 4 787，该直尺称做双面尺（见图 2-14（a）、（b）），观测时双面尺需成对使用。塔尺（见图 2-14（c））为单面尺，尺底部为零点，塔尺长 3 m 或 5 m，由三段尺套插而成，携带方便，但因接合处易损坏，会造成尺长不准而影响测量精度。尺的刻划是红白格或黑白格相间，每一格 1 cm 或 0.5 cm。注字有正字和倒字两种，超过 1 m 的有加注圆点或菱形点的，点数代表米数，也有用数字表示米数和分米数的。与电子水准仪配套的条码水准尺一般为因瓦尺、玻璃钢或铝合金制成的单面或双面尺，有直尺和折叠尺两种形式，规格有 1 ~ 5 m，尺子的分划一面为二进制伪随机码分划线（配徕卡仪器）或规则分划线（配蔡司仪器），其外形类似于一般商品外包装上印制的条纹码，图 2-14（d）为与徕卡数字水准仪配套的条码水准尺，它用于数字水准测量，双面尺的另一面为长度单位的分划线，用于普通水准测量。尺垫分地钉和尺台两种形式，其一般形式如图 2-14（e）所示，用铁铸成。不同等级的水准测量，规定用不同的尺垫，使用时把它牢固地踏在地面上，在它突起的半圆上立水准尺。

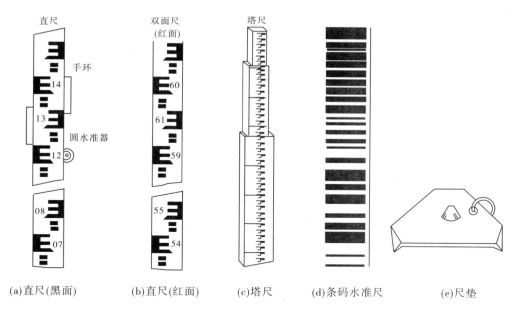

(a)直尺(黑面)   (b)直尺(红面)   (c)塔尺   (d)条码水准尺   (e)尺垫

图 2-14 水准尺垫

（三）水准仪的使用

1.微倾水准仪的安置与使用

1）安置仪器

首先,将仪器箱平放在地上,松开三脚架螺旋,将三脚架伸至适当高度,拧紧螺旋,打开三脚架,架头大致水平。开箱,认清仪器在箱中放置的位置,松开制动螺旋,双手握住仪器取出,安放在架头上,旋紧连接螺旋。在斜坡上安置仪器时,一个架腿要放在上坡方向,另两个架腿放在下坡方向。

2）粗平

（1）圆气泡大致居中。将脚螺旋、微倾螺旋调至螺钉中间位置,圆水准器置于任意两个脚螺旋（见图 2-15①、②脚螺旋）之间,与第三个脚螺旋的连线垂直于这两个脚螺旋的连线,固定两个架腿,移动一条架腿使圆气泡大致居中（见图 2-16）,气泡随架腿的移动方向而运动。

（2）圆气泡居中。如图 2-15 所示,相对旋转①、②脚螺旋,使圆气泡移到圆水准器中心并垂直于①、②的连线上,气泡由 $a \rightarrow b$,再旋转脚螺旋③,使气泡居中。当两手同时旋转两个脚螺旋时,应等速相对转动,这样气泡会迅速沿平行于两个脚螺旋的方向移动。利用脚螺旋使圆水准气泡居中的规律:气泡移动的方向与左手大拇指转动方向一致。

3）照准目标

（1）目镜调焦将望远镜对向背景较亮处（如白墙、远处天空）,转动目镜对光螺旋,使十字丝清晰。

（2）瞄准利用望远镜筒上的照门和准星对准目标,拧紧水平制动螺旋,固定仪器,转动物镜对光螺旋看清标尺或标尺附近景物,旋转水平微动螺旋,将仪器照准部在水平方向

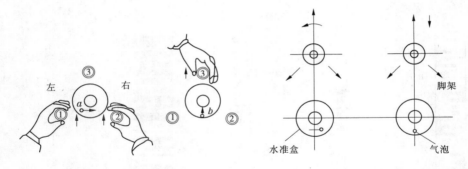

图 2-15　用脚螺旋粗平　　　　　图 2-16　移动脚架粗平

移动直至十字丝竖丝对准水准尺。

　　(3)物镜调焦,消除视差。当物体成像在十字丝分划板上时(见图 2-17(a)),视像应最清晰。如果物像未落在十字丝平面上(见图 2-17(b))。眼睛在目镜前上下移动时,十字丝交点不可能瞄准某一固定位置,此时观测者感到十字丝在尺像上上下移动,这种现象称为视差。

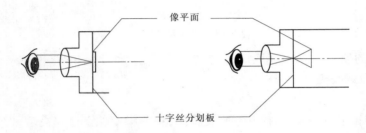

(a)物像与十字丝平面重合　　　　(b)物像与十字丝平面不重合

图 2-17　视差产生的原因

　　由于物像平面与十字丝平面不重合而产生的视像错动现象,叫十字丝视差,简称视差。由成像原理可得消除视差的方法:重新转动物镜对光螺旋,使物像成像在十字丝平面上,此时眼睛再在目镜前上下移动时,观测者看到十字丝在尺像上纹丝不动。

　　有时,既可看到十字丝,尺像也清晰,但仍存在视差,出现这种情况是由于十字丝未调准确产生的,需微调目镜对光螺旋,使十字丝清晰,视差就会消失。

　　4)精平

　　精平就是使望远镜视线处于精确水平状态,确保提供的是水平视线。方法是转动微倾螺旋,使符合水准气泡影像完全符合(见图 2-18)。符合气泡调节规律:符合气泡左半部的影像移动方向与右手大拇指转动微倾螺旋方向相同。

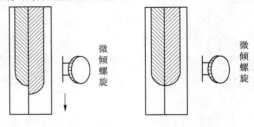

图 2-18　符合气泡居中

　　由于圆水准器精度不高,当转动仪器后,水准管气泡又会产生微小的偏移,因此每瞄准一次水准尺,都应转动微倾螺旋,使水准管气泡重新居中,才能读数,并在每次读数后检查气泡是否仍居中。

5)读数

仪器精平后,应立即用十字丝的横丝在水准标尺上读数。读数时依次读出 m、dm、cm,估读到 mm 位。如图 2-19(a)应读 1 608,图 2-19(b)应读 6 295,记录时可以 m 或 mm 为单位。读数时,无论成像是倒像还是正像,都要从小至大的读取。

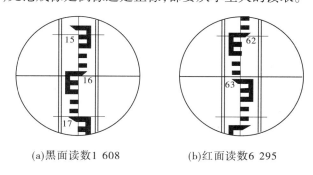

(a)黑面读数1 608   (b)红面读数6 295

图 2-19   水准仪读数

2.自动安平水准仪的使用

自动安平水准仪是一种新型仪器,与微倾水准仪的基本操作大致相同,但要避开高压电线、铁矿等磁力异常区,且要防止剧烈振动以免损坏。为了确保水准装置工作正常,有的自动安平水准仪设有补偿器控制按钮,可采用两次按动按钮、两次读数的方法进行校核,有的仪器设有警告指示窗,当窗内显示绿色,表明补偿器工作正常;当窗内一端出现红色,则表明整平精度不足,需重新整平。

任务二   等外闭合水准测量的方法和成果计算

一、任务内容

(一)学习目的

(1)学会在实地如何选择测站和转点,完成一个闭合水准路线的布设。

(2)掌握等外水准测量的外业观测方法。

(二)仪器设备

6 名学生为一组,每组配备自动安平水准仪 1 台、水准尺 1 对、记录板 1 个。

(三)学习任务

每组完成一条由 4 个点组成的闭合水准路线的观测任务。

(四)要点及流程

(1)要点:水准仪要安置在离前、后视点距离大致相等处,用中丝读取水准尺上的读数至 mm。

(2)流程:如图 2-20 所示,已知 $H_{BM}=50.000$ m,要求按等外水准精度要求施测,求点 1、2、3 的高程。

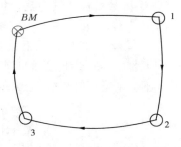

图2-20　等外闭合水准测量

(五)记录

普通水准测量记录表如表2-2所示。

表2-2　普通水准测量记录表

日期:＿＿＿＿＿＿　天气:＿＿＿＿＿　仪器型号:＿＿＿＿＿＿　组号:＿＿＿＿＿＿

观测者:＿＿＿＿＿＿　记录者:＿＿＿＿＿　立尺者:＿＿＿＿＿＿

测点	水准尺读数(m)		高差 h(m)		高程(m)	说明
	后视 a	前视 b	+	－		
		——	——	——		起点高程50.0 m
$\sum$						
计算校核	$\sum a - \sum b =$		$\sum h =$			

二、学习资料

(一)水准测量的方法

1. 水准点

从青岛水准原点出发,在全国各地埋设一系列永久性的稳固的标石(见图2-21),并用精密水准测量方法测定这些标石点的高程,这些具有国家统一高程的稳固点,称为水准点,常用"BM"表示。我国按一、二、三、四等不同精度的水准测量建立各级国家水准点,沿河流、交通线路遍布全国。水准点的高程用水准测量方法从水准原点引出,逐级测定,由于各级水准点的用途及精度要求不同,因此对各级水准测量的路线布设、点的密度、使用仪器及具体操作在规范中都有相应的规定。

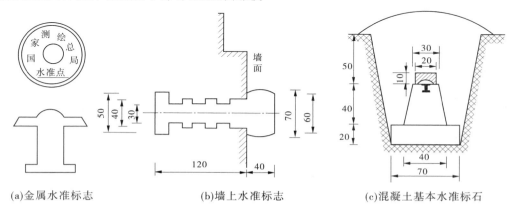

(a)金属水准标志　　　　(b)墙上水准标志　　　　(c)混凝土基本水准标石

图2-21　水准点标志和标石

为了进一步满足工程建设和地形测图的需要,以国家三、四等水准点为起始点,进行的工程水准测量或图根水准测量,通常统称为普通水准测量(也称等外水准测量)。普通水准测量的精度较国家等级水准测量低,水准路线的布设及水准点的密度可根据具体工程和地形测图的要求而灵活设置,并根据需要可埋设临时木质水准点或混凝土永久性水准点(见图2-22),除此外,根

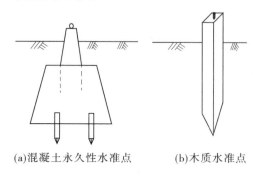

(a)混凝土永久性水准点　　(b)木质水准点

图2-22　水准点标志

据需要,还可在岩石、大树根、桥台或其他固定建筑物基础上设置水准点。

2. 水准测量的实施

1)水准测量方法

当两点相距较远或高差较大时,安置一次仪器不可能测定其高差,此时必须在两点间设置转点,将线路分成若干段,才能完成施测任务。

转点是水准测量过程中临时选定的立尺点,其上既有前视读数又有后视读数,起传递高程作用,用 *TP* 或 *ZD* 表示。转点的位置必须选在比较坚实而且便于观测前后视的地方。施测中如地面比较松软,应该放尺垫,在踩实的尺垫上立尺,可防止转点下沉。

如图 2-23 所示,已如水准点 *A* 的高程,欲测定 *B* 点高程,在起点、终点中间根据需要设置了 3 个转点,逐段安置仪器,测出各段高差。

$$h_1 = a_1 - b_1$$
$$h_2 = a_2 - b_2$$
$$h_3 = a_3 - b_3$$
$$h_4 = a_4 - b_4$$

以上各式相加

$$\sum h = \sum a - \sum b \tag{2-7}$$

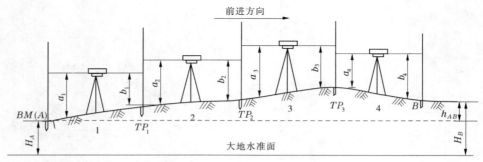

图 2-23 水准测量

从图 2-23 中可看出各段高差的代数和即为终点对于起点的高程差,即

$$h_{AB} = \sum h = \sum a - \sum b \tag{2-8}$$
$$H_B = H_A + h_{AB} \tag{2-9}$$

2)水准测量记录和计算

将图 2-24 的数据作为水准测量的外业观测数据,计入水准测量记录手簿(见表 2-3),并计算。为了确保记录准确,计算正确无误,测量工作需遵循步步检核的原则。记录时,记录员应回报记录数据,并进行检校。

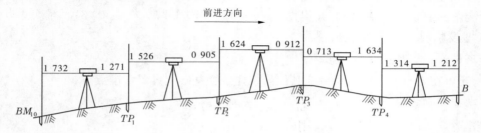

图 2-24 水准测量的外业观测数据

表 2-3　水准测量记录手簿

仪器型号_____　　　　　　　　　　　　　　　　天　气_____

观 测 者_____　　　　　　　　　　　　　　　　　记录者_____

点号	后视读数（mm）	前视读数（mm）	高差（m）		高程（m）	说明
			+	−		
BM_{10}	1 732				40.093	
TP_1	1 526	1 271	0.461		40.554	
TP_2	1 624	0 905	0.621		41.175	
TP_3	0 713	0 912	0.712		41.887	已知
TP_4	1 314	1 634		0.921	40.966	
B		1 212	0.102		41.068	
	$\sum a = 6\ 909$	$\sum b = 5\ 934$	1.896	0.921		
校核计算	$\sum h = \sum a - \sum b$ $= 6\ 909 - 5\ 934$ $= 975$		$\sum h = 1.896 - 0.921$ $= 0.975$		$H_{终} - H_{始}$ $= 41.068 - 40.093$ $= 0.975 = \sum h$	计算无误

3. 水准测量的校核方法

1）测站校核方法

在测量中安放仪器的位置称为测站，安置一次仪器确定一个测站。测站校核是检查在每个测站上所测得的高差是否符合精度要求，校核方法如下：

（1）改变仪器高法。在一个测站上，观测后视读数和前视读数，求得第一次高差 $h_1 = a_1 - b_1$，改变仪器高度 10 cm 以上，重复观测一次，得第二次高差 $h_2 = a_2 - b_2$，从理论上来讲 $h_1 = h_2$，实际上，两次所求的高差总是存在误差，当 $|h_1 - h_2| \leqslant 5$ mm 时，则认为观测结果符合精度要求，取两次观测高差的平均值作为最终结果；如 $|h_1 - h_2| > 5$ mm，则超限，需重测高差。

（2）双面尺法。利用一台水准仪观测双面尺黑面与红面的读数，分别计算黑面尺和红面尺读数的高差。

黑面　　　　　　　　　　　　$h_{黑} = a_{黑} - b_{黑}$

红面　　　　　　　　　　　　$h_{红} = a_{红} - b_{红} \pm 0.1$

当 $|h_{黑} - h_{红}| \leqslant 5$ mm 时，则认为观测结果符合精度要求，取两次观测高差的平均值作为最终结果；如 $|h_{黑} - h_{红}| > 5$ mm，则超限，需重测高差。

2）路线检核

水准测量行进的路线称为水准路线。在水准测量中，为了避免观测、记录和计算中出现人为差错，并保证测量成果能达到一定的精度要求，必须布设一定形式的水准路线，利

用其多余观测条件来检核所测成果的正确性。在一般的工程测量中,水准路线主要布设形式有以下三种:

(1)附合水准路线。从已知的高级水准点 BM_A 开始,沿待定高程点1、2、3诸点进行水准测量,最后附合到另一个高级水准点 BM_B 所构成的水准路线,称为附合水准路线(见图2-25(a)),从理论上说,附合水准路线上各点间高差的代数和,应等于两个高级水准点间的已知高差。

(2)闭合水准路线。从已知的高级水准点 BM_C 出发,沿待定高程点1、2、3、4诸点进行水准测量,最后回到水准点 BM_C 的环形路线,称为闭合水准路线(见图2-25(b))。从理论上讲,路线上各点之间的高差代数和应等于零。

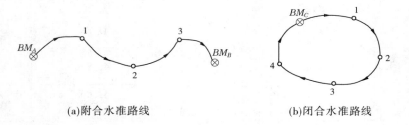

(a)附合水准路线   (b)闭合水准路线

图2-25　水准路线

(3)支水准路线。从已知水准点 BM_A 出发,对待定高程点 P 进行水准测量,这样既不闭合又不附合的水准路线,称为支水准路线(见图2-26)。支水准路线要进行往、返观测,以资检核。

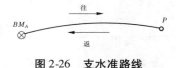

图2-26　支水准路线

(二)水准测量成果计算

水准测量成果计算时,先检查野外观测记录手簿,再计算各点间高差。经检核无误,根据精度要求调整闭合差,最后计算各点的高程。

1. 高差闭合差的计算

实际测量的高差与高差的理论值的差称为闭合差,用 W_h 表示。

$$W_h = 观测值 - 理论值 = \sum h_{测} - \sum h_{理}$$

1)附合水准路线

附合水准路线的高差在理论上应满足

$$\sum h_{理} = H_{终} - H_{始} \tag{2-10}$$

$H_{终}$ 和 $H_{始}$ 是高级水准点的较精确高程,其误差对低一级的水准测量来说可以忽略不计,所以计算闭合差时不考虑其误差的影响。在实际测量中存在多种因素产生的误差,因而实测高差与理论值并不符合,即产生高差闭合差

$$W_h = \sum h_{测} - (H_{终} - H_{始}) \tag{2-11}$$

式中　W_h——高差闭合差,mm;

$\sum h_{测}$——附合水准路线两端水准点高差的实测值。

2）闭合水准路线

闭合水准路线的高差理论值为

$$\sum h_{理} = 0 \tag{2-12}$$

而实测高差之和多不为零，即产生高差闭合差

$$W_h = \sum h_{测} \tag{2-13}$$

3）支水准路线

对于支水准路线，往返测所得高差理论上应是绝对值相等符号相反，所以其闭合差即

$$W_h = |\sum h_{往}| - |\sum h_{返}| \tag{2-14}$$

2. 高差闭合差容许值的计算

对于图根水准测量，考虑各种误差的影响，现行《工程测量规范》（GB 50026—2007）规定，在每个测站上的容许误差为 ±12 mm，如在水准路线上观测几个测站，则该水准路线的容许闭合差为

$$W_{h容} = \pm 12\sqrt{n} \tag{2-15}$$

当已知水准路线长度时，图根水准测量每千米往返测高差较差的容许误差为 ±40 mm，则水准路线长 L 的容许闭合差为

$$W_{h容} = \pm 40\sqrt{L} \tag{2-16}$$

式中　L——单程水准路线长度，km。

当地面坡度较大，每千米超过 15 个测站时，则容许闭合差按式（2-15）计算；每千米少于 15 个测站时，按式（2-16）计算。当 $|W_h| < |W_{h容}|$ 时，说明符合精度要求，观测成果合格；否则，不符合精度要求，需重测。

上述水准路线的高差闭合差和闭合差的容许值的计算，在外业工作现场必须进行，用来检查观测成果的精度。

3. 高差闭合差的调整

高差闭合差的调整是根据对同一条水准路线进行的等精度观测（即各测站或每千米产生的误差相等）的假设进行计算。因此，闭合差的调整原则是将闭合差反号按测站数或距离成比例分配的。

1）按测站数分配

$$V_i = -\left(\frac{W_h}{\sum n}\right) \times n_i \tag{2-17}$$

式中　V_i——第 i 测段的高差改正数；

　　　n_i——第 i 测段的测站数。

2）按距离分配

$$V_i = -\frac{W_h}{\sum L} \times L_i \tag{2-18}$$

式中　$\sum L$——水准路线的总长；

　　　L_i——第 i 测段水准路线的长度。

计算检核

$$\sum V = - W_h \qquad (2\text{-}19)$$

若改正数算出后,存在进位、舍位,改正数之和与闭合差的绝对值不相等,则必须加以适当调整,使其满足式(2-19)。

4. 计算改正后高差和待定点高程

改正高差

$$h'_i = h_i + V_i \qquad (2\text{-}20)$$

计算检核

$$\sum h'_i = \sum h_{理}$$

待定点高程

$$H_{i+1} = h_i + v_i \qquad (2\text{-}21)$$

计算检核

$$H_{终计} = H_{终理}$$

【例2-1】 如图2-27所示,布设一条闭合水准路线,列表计算各点高程。

【解】 (1)高差闭合差的计算。

$$W_h = \sum h_{测} = + 0.024 \text{ m} = + 24 \text{ mm}$$

(2)容许闭合差的计算。

$$W_{h容} = \pm 12 \sqrt{n} = \pm 12 \sqrt{16} = \pm 48(\text{mm})$$

$|W_h| < |W_{h容}|$,外业测量数据符合精度要求。

(3)改正数的计算。

一个测站的改正数 $= -\dfrac{W_h}{\sum n} = -\dfrac{24}{16} = -1.5$

$\Delta V_1 = -1.5 \times 4 = -6(\text{mm})$

$\Delta V_2 = -1.5 \times 3 = -4.5(\text{mm})$,取 -4 mm

$\Delta V_3 = -1.5 \times 5 = -7.5(\text{mm})$,取 -8 mm

$\Delta V_4 = -1.5 \times 4 = -6(\text{mm})$

检核:

$$\sum \Delta V = (-6) + (-4) + (-8) + (-6) = -24$$

(4)求改正高差。

$h'_1 = (-1.999) + (-0.006) = -2.005(\text{m})$

$h'_2 = (-1.430) + (-0.004) = -1.434(\text{m})$

$h'_3 = (+1.825) + (-0.008) = +1.817(\text{m})$

$h'_4 = (+1.628) + (-0.006) = +1.622(\text{m})$

检核:

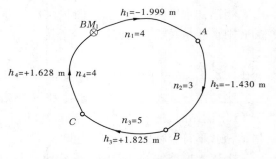

图 2-27　闭合水准路线成果计算

$$\sum h'_i = (-2.005) + (-1.434) + (+1.817) + (+1.622) = 0$$

（5）计算高程。

$$H_A = 57.141 - 2.005 = 55.136（\text{m}）$$

$$H_B = 55.136 - 1.434 = 53.702（\text{m}）$$

$$H_C = 53.702 + 1.817 = 55.519（\text{m}）$$

$$BM_1 = 55.519 + 1.622 = 57.141（\text{m}）$$

检核无误,各点高程计算见表 2-4。

表 2-4   闭合水准路线成果计算表

点号	测站数	高差（m）	改正数（mm）	改正后高差（m）	高程（m）	说明
BM_1					57.141	
	4	-1.999	-6	-2.005		
A					55.136	
	3	-1.430	-4	-1.434		
B					53.702	BM_1 的高程已知
	5	+1.825	-8	+1.817		
C					55.519	
	4	+1.628	-6	+1.622		
BM_1					57.141	
$\sum$	16	+0.024	-24	0		

任务三   支水准路线测量的方法和成果计算

一、任务内容

（一）学习目的

（1）学会在实地如何选择测站和转点,完成一个支水准路线的布设。

（2）掌握等外水准测量的外业观测方法。

（二）仪器设备

6 名学生为一组,每组配备自动安平水准仪 1 台、水准尺 1 对、记录板 1 个。

（三）学习任务

每组完成一条由已知高程点 A 点（BM 点）、待测高程点 P 点和一个转点 TP 组成的支水准路线的观测任务。

（四）要点及流程

（1）要点:根据已知点 A 和待测点 P 的位置关系选定转点 TP 的位置,测量时水准仪要安置在离前、后视点距离大致相等处,用中丝读取水准尺上的读数至 mm。

（2）流程:如图 2-28 所示,已知 $H_{BM} = 50.000$ m ,要求按等外水准精度施测,求 P 点的高程。

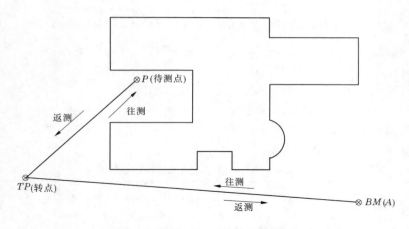

图 2-28 支水准路线测量

(五)记录

水准测量观测手簿见表 2-5、表 2-6。

表 2-5 水准测量观测手簿(测程 *BM—P*)

点号	后视读数 (mm)	前视读数 (mm)	高差(m)		高程(m)	说明
			+	−		
BM(A)						
TP₁						
TP₂						*BM(A)*点高程值 为 10.00 m
P						
	Σ	Σ				
校核计算						

表 2-6 水准测量观测手簿(测程 *P—BM*)

点号	后视读数 (mm)	前视读数 (mm)	高差(m)		高程(m)	说明
			+	−		
P						
TP₁						
TP₂						
BM(A)						
	Σ	Σ				
校核计算						

（六）水准测量成果计算

水准测量计算成果见表 2-7。

表 2-7 水准测量计算成果

高差闭合差	
高差闭合差容许值	
结论	
计算 P 点高程	
P 点高程值	

二、学习资料

【例 2-2】 图 2-29 为一段 0.9 km 长的支水准路线,判断测量成果是否符合精度要求,并计算 P 点高程。

【解】

$$W_h = |-3.842| - |3.820| = +22(\text{mm})$$

$$W_{h容} = \pm 40\sqrt{L} = \pm 40\sqrt{1.8} \approx 54(\text{mm})$$

因为 $|W_h| < |W_{h容}|$,则外业测量数据符合精度要求。

$$\bar{h} = \frac{h_{往} - h_{返}}{2} = \frac{-3.842 - 3.820}{2} = -3.831(\text{m})$$

$$H_P = H_{BM10} + \bar{h} = 23.450 + (-3.831) = 19.619(\text{m})$$

即 P 点高程为 19.619 m(见图 2-29)。

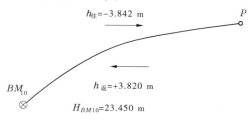

图 2-29 支水准路线计算成果

任务四 水准仪的检验和校正

一、任务内容

（一）学习目的
(1)了解水准仪的构造、原理。
(2)掌握水准仪的主要轴线及它们之间应满足的条件。
(3)掌握水准仪的检验和校正方法。

（二）仪器设备

6 名学生为一组，每组自动安平水准仪 1 台、水准尺 1 对、皮尺 1 把、记录板 1 个。

（三）学习任务

每组完成水准仪的圆水准器、十字丝横丝、水准管平行于视准轴（i 角）三项基本检验。

（四）要点及流程

(1) 要点：进行 i 角检验时，要仔细测量，保证精度，才能把仪器误差与观测误差区分开来。

(2) 流程：圆水准器检校—十字丝横丝检校—水准管轴平行于视准轴（i 角）检校。

（五）记录

(1) 圆水准器的检验。

圆水准器气泡居中后，将望远镜旋转 180°后，气泡_____（填"居中"或"不居中"）。

此项是否需要校正：_____。

(2) 十字丝横丝检验。

在墙上找一点，使其恰好位于水准仪望远镜十字丝左端的横丝上，旋转水平微动螺旋，用望远镜右端对准该点，观察该点_____（填"是"或"否"）仍位于十字丝右端的横丝上。

此项是否需要校正：_____。

(3) 水准管轴平行于视准轴（i 角）的检验。

水准管轴平行于视准轴（i 角）的检验如图 2-30 所示。

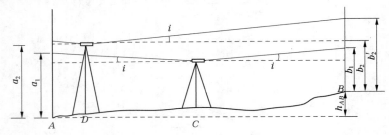

图 2-30　水准管轴平行于视准轴的检验

将检验结果记录于表 2-8。

二、学习资料

（一）水准仪的检验与校正

水准仪经长期使用或长途运输后，仪器各部件相对位置可能发生变化，为保证测量成果的正确性，必须对水准仪进行定期检验。

1. 微倾式水准仪的检验与校正

根据水准测量原理，水准仪必须提供一条水平视线，才能正确地测出两点间的高差，如图 2-31 所示。微倾水准仪应满足的主要条件是：

(1) 圆水准器轴平行于竖轴。

(2) 十字丝横丝垂直于竖轴。

表 2-8　水准管轴平行于视准轴(i 角)的检验

仪器位置	立尺点		水准尺读数 （mm）	高差 （m）	平均高差 （m）	是否要校正
仪器在 A 、B 点 的中间位置 C	A					
	B					
	变更仪器高后	A				
		B				
仪器在距离 A (或 B)点较 近的位置 D	A					
	B					
	变更仪器高后	A				
		B				

（3）水准管轴平行于视准轴。

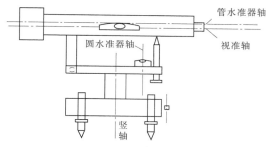

图 2-31　微倾式水准仪的主要轴线关系

1）圆水准器轴平行竖轴的检验与校正

（1）检验方法。当圆水准器轴与竖轴不平行时，它们相差 δ 角（见图 2-32）；首先转动脚螺旋使圆气泡居中（见图 2-32（a）），这时圆水准器轴处于铅垂位置，但竖轴与铅垂方向偏离 δ 角；将圆水准器绕仪器竖轴旋转 180°，此时圆气泡偏离中心（见图 2-32（b）），其偏离的值为 2δ 。

（2）校正方法。先用脚螺旋使气泡向中心方向移回一半（见图 2-32（c）），松开固定螺旋再用校正针拨动圆水准器的校正螺旋移回另一半，使气泡居中（见图 2-32（d））。用这种检验校正需重复进行数次，直至仪器竖轴旋转到任何位置气泡都居中。

2）十字丝横丝垂直于竖轴的检验与校正

（1）检验方法。整平仪器后，瞄准墙上一固定点 M ，拧紧水平制动螺旋，转动水平微动螺旋，若 M 点始终在十字丝横丝上移动，则说明十字丝横丝垂直于竖轴；若 M 点偏移十字丝横丝（见图 2-33（d）），则十字丝横丝不垂直于竖轴，那么必须进行校正。

（2）校正方法。松开十字丝环上相邻的两个校正螺旋 a 、b （见图 2-34），微转动十字丝环，再作观察，直至横丝不再离开墙上固定点，最后拧紧松开的校正螺旋。

3）水准管轴应平行于视准轴的检验与校正

（1）检验方法。当水准管轴和视准轴不平行时，它们之间形成一个 i 角（见图 2-35）。

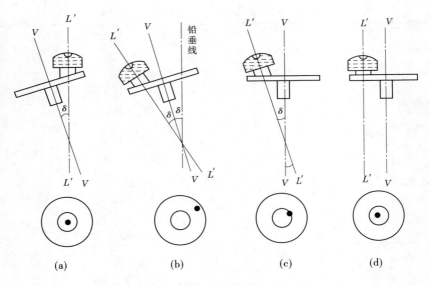

图 2-32　圆水准器轴平行于竖轴的检验

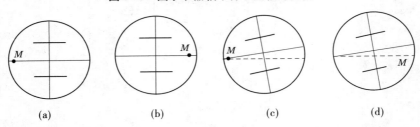

图 2-33　十字丝横丝垂直于竖轴的检验

当水准管气泡居中时,视线将倾斜 i 角,显然水准尺离水准仪距离越远,读数误差也越大。当仪器的前视距离与后视距离相等时,则后视读数减前视读数求得高差不受影响,因为

$$h = (a - \Delta) - (b - \Delta) = a - b \qquad (2\text{-}22)$$

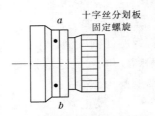

图 2-34　十字丝分划板螺旋

为此,在平坦地面上选择 A、B 两点($AB \approx 80$ m),安置仪器于 AB 的中点,测出 A、B 两点间的正确高差 h,然后将仪器搬到距离 A 点 $2 \sim 3$ m 处,当气泡居中时,读取 A 尺读数为

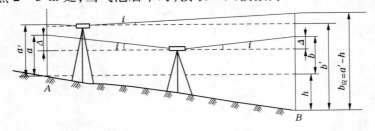

图 2-35　i 角的检验

a',这时由于水准仪距 A 尺很近,因此忽略 i 角的影响,即将 a' 当做视线水平时的读数,若视准轴与水准管轴平行,则 B 尺上读数应为

$$b_{应} = a' - h$$

如果实际 B 尺上的读数与上式求得的 $b_{应}$ 值不相等,则说明视准轴与水准管轴不平行,那么

$$i = \frac{b' - a' + h}{AB}\rho''\qquad(2\text{-}23)$$

当 $i > 20''$ 时,必须进行校正。

(2)校正方法。转动微倾螺旋使十字丝横丝对准应有的 B 尺上读数 $b_{应}$,此时视准轴处于水平位置,而符合水准器气泡不居中。拨动水准管一端的上、下两个校正螺旋 c、d(见图 2-36),使此端抬高或降低,直到气泡居中(即两端气泡像重合)。

校正后的仪器必须再进行一次高差检测,将测得的高差值与正确的高差值比较,其较差应为 $2 \sim 3$ mm,否则还需重新校正。

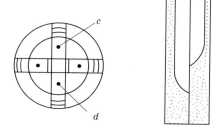

图 2-36 管水准器校正螺旋

2. 自动安平水准仪的检验与校正

自动安平水准仪应满足的条件是:

(1)圆水准器轴平行于竖轴。

(2)十字丝横丝垂直于竖轴。

(3)补偿器误差的检验与校正。

(4)望远镜视准轴位置正确性的检验与校正。

其中圆水准器轴平行于竖轴,十字丝横丝垂直于竖轴的检验与校正和微倾水准仪的相同。

1)补偿器性能的检验与校正

所谓补偿器性能,是指仪器竖轴有微量的倾斜时,补偿器是否能在规定的范围内进行补偿。

(1)检验方法。如图 2-37 所示,在 AB 直线的中点 T 处架设仪器,并使仪器的两个脚螺旋的连线与 AB 垂直。整平仪器后,读取 A 尺读数为 a,然后转动位于 AB 方向的第三个脚螺旋,使仪器竖轴向 A 点水准尺倾斜 $\pm\delta$ 角,如 A 尺读数 $a \pm \sigma$ 与整平读数 a 相同,则补偿器工作正常。对于普通水准测量,此差值一般小于 3 mm。若 $a \pm \delta > a$,则称为过补偿;若 $a \pm \delta < a$,则称为欠补偿。

(2)校正方法送修理部门检修。

2)望远镜视准轴位置正确性的检验与校正

所谓视准轴位置的正确性,是指补偿器在初始位置(对视线不产生偏转),视准轴垂直于竖轴。

(1)望远镜视准轴位置正确性的检验方法与微倾水准仪的"水准管轴应平行于视准轴"的检验相同。

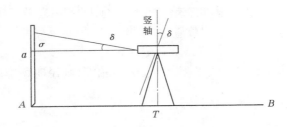

图 2-37　补偿器的检验

（2）望远镜视准轴位置正确性的校正方法是送修理部门检修。

（二）水准测量的主要误差来源及其注意事项

1. 水准测量的主要误差来源

水准测量的主要误差包括仪器误差、观测误差和外界条件的影响三个方面。在水准测量作业时，应根据产生误差的原因，采取相应措施，尽量减弱或消除误差的影响。

1）仪器误差

（1）水准管轴与视准轴不平行。在水准管轴与视准轴不平行的情况下，当水准管气泡居中，水准管轴水平时，视准轴仍处于倾斜位置，与水准管轴形成夹角——i，致使前、后视读数产生误差，误差的大小与水准仪至水准尺的距离成正比。当 $i \leqslant 2''$ 时，不需校正仪器。当 $i > 20''$ 时，需校正仪器。水准仪虽然经过检验校正，但仍会有残余误差，这种误差在观测前、后视线长度相等时，就可通过高差的计算公式抵消 i 产生的误差对高差的影响。

（2）水准尺误差。水准尺分划不准确、尺长变化、尺身弯曲及尺底的零点差都会直接影响水准测量的精度。当水准测量的精度要求较高时，应将标尺与检验尺（通常用一级线纹米尺作为检验尺）进行比较，并在测量的成果中加以修正。水准尺每米真长的误差往往与高差的大小成正比，而与视线的长度无关。在普通水准测量中，只要两标尺交替放置，就可以使水准尺误差适当地得到消除。

因标尺长期使用而使底端磨损，或标尺底部在观测时粘上泥土，这就相当于改变了标尺尺底的零线位置，这样产生的误差称为标尺零点误差。采用在两固定点间设置偶数站的方法，来消除零点误差对高差的影响。

2）观测误差

（1）水准管气泡居中误差。水准测量中，视线的水平是以气泡居中为根据的，由于气泡居中存在误差，致使视线偏离水平位置，从而带来读数误差。观测时应使用微倾螺旋使气泡两个半像严格重合。

（2）读数误差。水准尺的估读误差与望远镜放大率、人眼的分辨能力及视线长度有关。在作业中，应遵循不同等级的水准测量，以保证估读精度。

（3）视差的影响。水准测量中，视差会给观测结果带来较大的误差。因此，观测前必须反复调节目镜和物镜对光螺旋，使尺像与十字丝平面重合。为了减弱残余视差的影响，观测读数时应保持头部正直。

（4）水准尺倾斜的影响。在测量时，由于水准尺扶得不直而引起的误差大小与读数大小成正比，与尺子倾斜角的平方成正比。因此，在地面坡度较大时，标尺更要严格扶直。

3）外界条件的影响

（1）地球曲率的影响。用水平视线代替大地水准面在尺上读数产生的误差为 C（见图2-38），则

$$C = \frac{D^2}{2R} \tag{2-24}$$

式中　D——仪器到水准尺的距离；

　　　R——地球的平均半径，$R = 6\,371$ km。

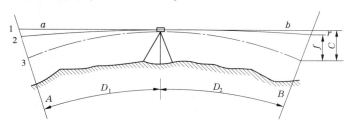

1—水平视线；2—折光后视线；3—平行于大地水准面

图2-38　大气折光、地球曲率的影响

（2）大气折光的影响。由物理学可知，光线通过密度不同的媒质时会发生折射，且总是由疏折向密。尽管水准仪提供了一条水平视线，但地面上的空气存在密度阶梯，上疏下密，视线通过时发生连续折射，成为一条向下弯的曲线（见图2-38），其曲率半径约为地球半径的7倍，其折光量的大小对水准尺读数产生的影响为

$$r = \frac{D^2}{2 \times 7R} \tag{2-25}$$

大气折光与地球曲率共同产生的影响为

$$f = C - r = \frac{D^2}{2R} - \frac{D^2}{14R} = 0.43\frac{D^2}{R} \tag{2-26}$$

如果使前、后视距相等，地球曲率和大气折光的影响将得到消除或大为减弱。但是近地面（1.5 m以下）的大气折光变化十分复杂，有时视线向上弯曲，使读数增大。如图2-39所示，在高差起伏较大的地区，大气折光的影响在同一测站的后视、前视中就可能发生变化，所以即使保持前、后视等距，大气折光误差也不能完全消除。观测时，应缩短视线长度，升高仪器使视线离地面尽可能高些，以减弱折光变化的影响。

图2-39　高差较大地区的大气折光

（3）仪器脚架或尺垫下沉的影响。在观测时，读完后视读数而尚未读取前视读数时，因土质松软而使三脚架下沉，这时前视读数减小，从而使测得的高差增大；同样，如果在迁

站过程中转点的尺垫下沉,则下一测站的后视读数就会增大,那么测得的高差也会增大。仪器脚架下沉或转点标尺尺垫下沉的误差会随着测站数的增加而积累。为了减少这类误差的影响,应选择土质坚硬的地面安置仪器和设置安放尺垫的转点,且要踩紧脚架,踏实尺垫,并防止碰动。同时,由于这类误差在一定程度上与观测延时的长短成正比,因此观测时,由后视读数转至前视读数的时间要尽量缩短,迁站时动作要迅速,以减弱其影响。

(4)温度影响。温度的变化不仅引起大气折光的变化,而且当烈日直射仪器时,会使仪器各部分的光学透镜及金属部件因温度的急剧变化而发生变形,致使测量成果受到影响,尤其是水准管本身和管内液体温度升高,气泡向着温度高的方向移动,而影响仪器水平,产生气泡居中误差,因此进行水准测量观测时,要用伞遮住仪器避免烈日直射。

2. 水准测量时应注意的事项

水准测量成果不符合要求多数是由测量人员疏忽大意造成的,为此,在测量时除要求测量人员对工作认真负责外,还应注意以下事项,这样可以减少不必要的返工重测。

1)扶尺应注意的事项

(1)尺子要检查。测量前检查标尺刻划是否准确,塔尺衔接处是否严密,尺底和尺垫顶不要有泥土。

(2)转点要牢靠。转点最好用尺垫,若在硬化的地面上(如水泥、片石路肩)或多石地区,也可不用尺垫,但转点要在坚实稳固而有凸棱的地点。

(3)扶尺要直立。标尺的横向倾斜由观测者纠正,若有前后倾斜则不易发现,造成读数偏大,尺上有水准器时,可使气泡居中。

(4)尺的零点误差要消除。由于标尺的零点位置不准,为了消除其影响,在同一测段内要用同一尺,或在两点之间测设偶数个测站。

2)观测应注意的事项

(1)仪器要检校。测量前要把仪器校正好,使各轴线间满足应有的几何条件。

(2)仪器要稳定。中心螺旋连接要稳妥可靠,观测时不得扶压、骑跨脚架。

(3)前后视距要等长。可消除 i 角误差以及地球曲率、平坦地区的大气折光的影响。

(4)视线要水平。读数前观察符合水准器气泡居中后方可读数,读数后检查符合水准器气泡是否居中。

(5)读数要准确。精心对光,消除视差,不能误读。

(6)迁站要慎重。未读前视时,不得匆忙搬动仪器;中途停测时,应将前视点选在容易寻找的固定点上,并做好标记,列入记录。

3)记录应注意的事项

(1)要复诵。读数进行记录时,边记录边复诵。

(2)记录要清楚。数据按规定格式填写,字迹要清晰端正。

(3)要原始记录。用铅笔当场填写在记录簿中,不得誊抄,不得用橡皮擦改。记录错误时,应在错字处画一横线,将正确数字写在上方。同一记录画改不得超过两次,且不容许连环涂改(既改后视又改前视)。

(4)计算要复核。记录者及时根据读数算出高差,记入记录簿并作验算,再由另一人复核。

项目三 角度测量

【学习目标】

掌握光学经纬仪、电子经纬仪的使用方法;掌握水平角、竖直角的测量外业操作和内业计算的方法;掌握经纬仪的检验和校正方法。

【学习任务】

光学经纬仪的使用;测回法测水平角;方向观测法测水平角;竖直角测量;经纬仪的检验与校正;电子经纬仪的使用。

【基础知识】

一、水平角测量原理

观测水平角是确定地面点位的基本工作之一。空间相交的两条直线在水平面上的投影所夹的角度称为水平角(见图3-1)。设 A、O、B 为地面上任意三点,将三点沿铅垂线方向投影到 β 水平面上得到 A_1、O_1、B_1 三点,则 O_1A_1 与 O_1B_1 的夹角 β 即为 OA 与 OB 两方向间的水平角。

为了测出水平角 β,在过 O 点的铅垂线上任一点 O_2 处放置一个有刻度的水平圆盘,使圆盘中心与 O_2 重合,则过 OA、OB 两竖直面与圆盘交线上的读数设为 a 和 b,如圆盘上的分划为顺时针方向注记,则得水平角为

$$\beta = b - a \tag{3-1}$$

二、竖直角测量原理

在同一竖直面内,倾斜视线与水平线之间的夹角称为竖直角(竖角)。若倾斜视线在水平视线之上为仰角,符号为正,如图3-2所示 $\theta_1 = +7°41'$;若倾斜视线在水平视线之下为俯角,符号为负,如图3-2所示 $\theta_2 = -12°32'$。竖直角的角值范围为 $0° \sim \pm 90°$。

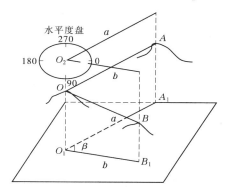

图 3-1　水平角观测原理

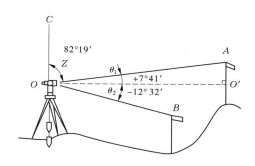

图 3-2　竖直角测量

在同一铅垂面内,天顶方向与倾斜视线之间的夹角称为天顶距。从天顶距到天底,角值为 $0° \sim 180°$,天顶距一般用 Z 表示,如图 3-2 所示的两倾斜视线的天顶距分别为 $82°19'$ 和 $102°32'$。

任务一　光学经纬仪的使用

一、任务内容

（一）学习目的

（1）了解经纬仪的构造和原理。

（2）掌握经纬仪整平、对中、读数的方法。

（二）仪器设备

每组 J_6 级光学经纬仪 1 台、测钎 2 个、记录板 1 个。

（三）学习任务

每组每位同学完成经纬仪的整平、对中、瞄准、读数工作各一次。

（四）要点及流程

1. 要点

（1）气泡的移动方向与操作者左手旋转脚螺旋的方向一致。

（2）经纬仪安置操作时,要注意首先要大致对中,脚架要大致水平,这样整平,对中反复的次数会明显减少。

2. 流程

整平对中经纬仪—瞄准测钎—读水平度盘。

（五）记录

（1）经纬仪由 _____、_____、_____组成。

（2）经纬仪对中整平的操作步骤是:

_____

_____

_____

_____

（3）经纬仪照准目标的步骤是:

_____

_____

_____

_____

（4）经纬仪瞄准 A 点时的水平度盘读数: _____,

竖直度盘读数: _____。

经纬仪瞄准 B 点时的水平度盘读数: _____,

竖直度盘读数: _____。

二、学习资料

光学经纬仪具有精度高、体积小、重量轻、密封性好和使用方便等优点。光学经纬仪有很多类型,按精度系列可分为 DJ_{05}、DJ_1、DJ_2、DJ_6、DJ_{30} 等,其中"J"是经纬仪的代号,下标数字为该仪器一测回方向观测中的误差,单位为秒。下面着重介绍地形测量和一般工程测量中常用的 DJ_6 型经纬仪。

(一) DJ_6 型光学经纬仪的构造与读数

1. DJ_6 型光学经纬仪的构造

光学经纬仪主要由基座、水平度盘和照准部三部分组成(见图3-3、图3-4)。

(1)基座。基座上有 3 个用做整平仪器的脚螺旋,水平度盘旋转轴套套在竖轴套外围,拧紧轴套固定螺旋,可将仪器固定在基座上;旋松该螺旋,可将经纬仪水平度盘连同照准部从基座中拔出。

(2)水平度盘。水平度盘是用优质玻璃制成的,盘上按顺时针方向刻有 0° ~ 360°的分划,用来测量水平角。水平度盘与一金属的空心轴套(称外轴)结合,套在中轴套之外。通常,水平度盘是静止的,不随照准部一起转动,若要它转动,可转动水平度盘变位手轮。

(3)照准部。照准部是指水平度盘之上,能绕其旋转轴旋转的全部部件的总称,它包括竖轴、U 形支架、望远镜、横轴、竖直度盘、管水准器等。照准部的旋转轴称为仪器竖轴,竖轴插入基座内的竖轴轴套中旋转;照准部在水平方向的转动由水平制动、水平微动螺旋控制;望远镜在纵向的转动由望远镜制动、望远镜微动螺旋控制;竖盘指标管水准器的微倾运动由竖盘指标管水准器微动螺旋控制;照准部上的管水准器用于精平仪器。

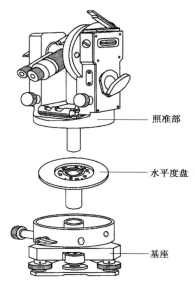

图3-3 经纬仪的组成部分

照准部
水平度盘
基座

2. DJ_6 型光学经纬仪的读数方法

光学经纬仪的读数设备包括度盘、光路系统和测微器。DJ_6 型光学经纬仪的水平度盘和竖直度盘的分划线通过一系列的棱镜和透镜作用,成像于望远镜旁的读数显微镜内,观测者用读数显微镜读取读数。DJ_6 型光学经纬仪的读数方法可分为下列两种。

(1)分微尺测微器及其读数方法。这种读数方法的主要设备有读数窗口的分微尺和读数显微镜。光线通过反光镜,照亮刻度盘和读数窗,有读数显微镜就可得到同时放大的水平度盘、竖直度盘和分微尺的影像,成像后的分微尺全长正好与度盘的最小分划的长度相等,即为1°。分微尺被分为 60 等份,每份为1′,可估读到 0.1′。分微尺的零线为指标线,读数时首先读取被分微尺覆盖的度盘分划注记,即为度数,再读该分划线在分微尺上截取的角值。读数时从小到大读数。如图3-5所示,水平度盘读数为246°04′00″,竖盘读数为83°45′00″。

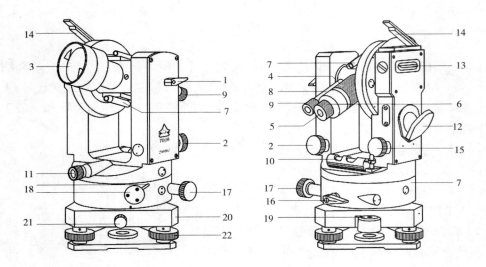

1—望远镜制动螺旋;2—望远镜微动螺旋;3—物镜；4—物镜调焦螺旋;5—目镜;6—目镜调焦螺
旋;7—光学瞄准器;8—度盘读数显微镜;9—度盘读数显微镜调焦螺旋;10—照准部管水准器;
11—光学对中器;12—度盘照明反光镜;13—竖盘指标管水准器;14—竖盘指标管水准器观察反射
镜;15—竖盘指标管水准器微动螺旋;16—水平方向制动螺旋;17—水平方向微动螺旋;18—水平
度盘变换螺旋;19—基座圆水准器;20—基座;21—轴套固定螺旋;22—脚螺旋

图 3-4　DJ₆ 型光学经纬仪的结构

（2）单平板玻璃测微器及其读数方法。北光 DJ₆ – 1 型光学经纬仪是采用单平板玻
璃测微器读数方法。经纬仪的度盘将 0°～360° 刻划为 720 格,每格为 30′,顺时针注记。
测微器将 0′～30′ 划分为 90 格,每格 20″。读数时,先转动测微轮,使度盘上某一分划线精
确地夹在双指标的中间再读取该分划的度盘读数,然后加上测微器上单丝指标处的读数。
如图 3-6 所示的竖盘读数为 82°30′ + 12′34″ = 82°42′34″,而水平度盘中双指标未将刻划
卡在中间不能读数。当转动测微轮双指标线卡到某一刻划线时,度盘读数增大或减小了,
此时测微器上弹指标线所致的读数与作反向同量运动时的测量结果一致。

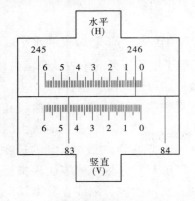

图 3-5　分微尺测微器

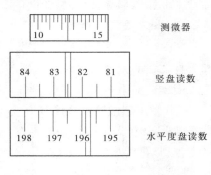

图 3-6　单平板玻璃测微器

（二）经纬仪的安置

经纬仪的基本操作为对中—整平—瞄准和读数。

1. 对中

对中的目的是使仪器中心与测站点位于同一铅垂线上，其操作步骤如下：

（1）张开脚架，调节脚架腿使其高度适宜，并通过目估使架头水平，架头中心大致对准测站点。

（2）从箱中取出经纬仪安置于架头上，旋紧连接螺旋，并挂上垂球，如垂球尖偏离测站点较远，则需移动三脚架，使垂球尖大致对准测站点，然后将脚架尖踩实。

（3）略微松开连接螺旋，在架头上移动仪器，直至垂球尖准确对准测站点，最后再旋紧连接螺旋。

2. 整平

整平的目的是调节脚螺旋使水准管气泡居中，从而使经纬仪的竖轴竖直，水平度盘处于水平位置，其操作步骤如下：

（1）旋转照准部，使水准管平行于任一对脚螺旋（见图 3-7（a）），转动这两个脚螺旋，使水准管气泡居中。

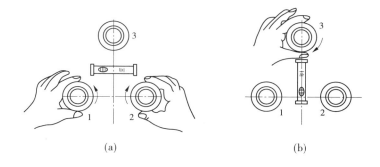

(a)　　　　　　　　　　　(b)

图 3-7　水准管气泡居中

（2）将照准部旋转 90°，转动第三个脚螺旋，使水准管气泡居中（见图 3-7（b））。

（3）按以上步骤重复操作，直至水准管在这两个位置上气泡都居中。

使用光学对中器进行对中、整平时，首先通过目估初步对中（也可利用垂球），旋转对中器目镜看清分划板上的刻划圆圈，再拉伸对中器的目镜筒使地面标志点成像清晰；转动脚螺旋使标志点的影像移至刻划圆圈中心；然后通过伸缩三脚架腿调节它的长度，使经纬仪圆水准器的气泡居中，再调节脚螺旋精确整平仪器；接着通过对中器观察地面标志点，如偏移刻划圆圈中心，可稍微松开连接螺旋，在架头移动仪器使其精确对中，此时若水准管气泡偏移，则需再整平仪器，如此反复进行，直至对中、整平同时完成。

3. 瞄准

（1）目镜对光。将望远镜对向明亮背景，转动目镜对光螺旋使十字丝成像清晰。

（2）粗略瞄准。松开照准部制动螺旋与望远镜制动螺旋，转动照准部与望远镜，通过望远镜上的瞄准器对准目标，然后旋紧制动螺旋。

（3）物镜对光。转动位于镜筒上的物镜对光螺旋,使目标成像清晰并检查有无视差存在,如果发现有视差存在,应重新进行对光,直至消除视差。

（4）精确瞄准。旋转微动螺旋,使十字丝竖丝准确对准目标。

4.读数

读数前,应调整反光镜的位置与开合角度,使读数显微镜视场内亮度适当,然后转动读数显微镜目镜进行对光,使读数窗成像清晰,再按上述方法进行读数。

任务二　测回法观测水平角

一、任务内容

（一）学习目的

（1）掌握水平角观测原理,经纬仪的构造及度盘读数。

（2）掌握测回法测水平角的方法。

（二）仪器设备

每组 J_6 级光学经纬仪 1 台、测钎 2 个、记录板 1 个。

（三）学习任务

每组用测回法完成 2 个水平角的观测任务。

（四）要点及流程

1.要点

（1）测回法测角时的限差要求若超限,则应立即重测。

（2）注意测回法测量的记录格式。

2.流程

在 A 点或 B 点(见图 3-8)整平对中经纬仪—盘左顺时针测—盘右逆时针测。

图 3-8　测回法观测水平角示意图

（五）记录

水平角测回法记录表如表 3-1 所示。

二、学习资料

（一）水平角测量

水平角测量的方法常用的为测回法。

测回法适用于观测两个方向之间的单角(见图 3-9),采用测回法观测水平角 $\angle MON$ 的操作步骤如下:

表 3-1　水平角测回法记录表

日期：＿＿＿＿＿＿　天气：＿＿＿＿＿　仪器型号：＿＿＿＿＿＿　组号：＿＿＿＿＿＿

观测者：＿＿＿＿＿　记录者：＿＿＿＿＿　立测杆者：＿＿＿＿＿

测点	盘位	目标	水平度盘读数 (° ′ ″)	水平角		示意图
				半测回值 (° ′ ″)	一测回值 (° ′ ″)	

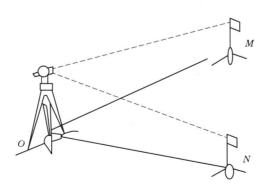

图 3-9　测回法观测水平角

在测站 O 点安置经纬仪，对中、整平，然后按下述步骤进行操作。测回法水平角观测手簿见表 3-2。

表 3-2　水平角观测手簿(测回法)

测点	测回数	竖盘位置	目标	水平度盘读数 (° ′ ″)	半测回角值 (° ′ ″)	一测回角值 (° ′ ″)	各测回平均角值 (° ′ ″)	说明
O	1	左	M	0　00　30	68　05　42	68　05　45	68　05　44	
			N	68　06　12				
		右	M	180　00　42	68　05　48			
			N	248　06　30				
	2	左	M	90　00　36	68　05　36	68　05　42		
			N	158　06　12				
		右	M	270　00　48	68　05　48			
			N	338　06　36				

(1)盘左位置(竖盘在望远镜视准方向的左侧)先照准左目标 M,读取水平度盘读数 $a_左$;再顺时针方向转动照准部照准目标 N,读取水平度盘读数 b。则盘左所测的角值为

$$\beta_左 = b_左 - a_左 \qquad (3-2)$$

以上过程称为上半测回。完成上半个测回测量后,为了检核及消除仪器误差对测角的影响,应倒转望远镜以盘右位置作下半测回观测。

(2)盘右位置先照准右目标 N,读取水平度盘读数 $b_右$;再逆时针方向转动照准部照准目标 M,读取水平度盘读数 $a_右$。则下半测回角值为

$$\beta_右 = b_右 - a_右 \qquad (3-3)$$

用 DJ_6 型经纬仪观测水平角上、下两个半测回角值差应 $\leq \pm 40''$。若达到精度要求,则取其平均值作为一测回的结果,即

$$\beta = = \frac{\beta_左 + \beta_右}{2} \qquad (3-4)$$

为了提高角度观测的精度,往往需观测几个测回。为了减少度盘分划不均匀引起的误差对测角的影响,各测回间利用复测装置或度盘变换手轮将每个测回之间按每隔 $180°/n$(n 为测回数)变换度盘位置。当 $n=2$ 时,各测回起始方向的度盘读数应相差 $90°$。为了操作和计算方便,应使第一测回起始方向的度盘读数常略大于 $0°$,表 3-2 为进行两个测回的观测记录,第一测回起始方向(盘左位置)度盘读数为 $0°00'30'$,第二测回起始方向的度盘读数应为 $90°$略多,表中为 $90°00'36''$。

在计算角值时,当右目标度盘读数小于左目标度盘读数时,则应在右目标度盘读数中加 $360°$,再减左目标度盘读数。

(二)水平角测量的主要误差

水平角测量的主要误差来源有以下几个方面。

1. 仪器误差

(1)由于仪器检校不完善所引起的误差。其中,望远镜视准轴不严格垂直于横轴、横

轴不严格垂直于竖轴所引起的误差,可以采用盘左、盘右观测取平均值的方法来消除,而竖轴不垂直于水准管轴所引起的误差则不能通过此方法或其他观测方法来消除,因此必须认真做好仪器检验、校正。

(2)由于仪器制造加工不完善所引起的误差。如照准部偏心差与水平度盘分划误差等,经纬仪照准部旋转中心应与水平度盘中心重合,如果两者不重合,即存在照准部偏心差,在水平角测量中,此项误差影响也可通过盘左、盘右观测取平均值的方法来消除。水平度盘分划误差的影响一般较小,当测量精度要求较高时,可采用各测回间变换水平度盘位置的方法来减弱这一项误差的影响。

2. 安置仪器的误差

(1)对中误差。如图3-10所示,设 B 为测站点,A、C 为目标点,由于仪器存在对中误差,仪器中心偏至 B' 点,B、B' 点间的距离 BB' 称为测站偏心距,以 e 表示。由图3-10可知,实测角度 β' 与正确角值 β 之间的关系式为

$$\beta = \beta' + (\varepsilon_1 + \varepsilon_2) \tag{3-5}$$

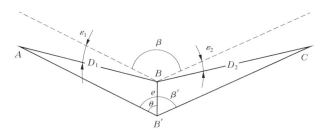

图 3-10 对中误差

由于 ε_1、ε_2 很小,所以其正弦值可用其弧度值来代替,即

$$\varepsilon_1 = \frac{e\sin\theta}{D_1}\rho'' \tag{3-6}$$

$$\varepsilon_2 = \frac{e\sin(\beta' - \theta)}{D_2}\rho'' \tag{3-7}$$

因此,仪器对中误差对所测水平角的影响为

$$\Delta\beta = \beta - \beta' = \varepsilon_1 + \varepsilon_2 = e\rho''\left[\frac{\sin\theta}{D_1} + \frac{\sin(\beta' - \theta)}{D_2}\right] \tag{3-8}$$

由式(3-8)可知:

①$\Delta\beta$ 与偏心距 e 成正比,即 e 愈大,$\Delta\beta$ 愈大。

②$\Delta\beta$ 与测站点到目标点的距离成反比,即距离愈短,$\Delta\beta$ 愈大。

③$\Delta\beta$ 与 β' 及 θ 的大小有关,当 $\beta' = 180°$,$\theta = 90°$ 时,$\Delta\beta$ 最大。

例如,当 $e = 3$ mm,$D_1D_2 = 100$ m,$\beta' = 180°$,$\theta = 90°$ 时,$\Delta\beta = \dfrac{2 \times 3 \times 206\ 265''}{100 \times 1\ 000} = 12.4''$。

(2)整平误差。整平误差不能用观测方法来消除,此项误差的影响与观测目标时视线竖直角的大小有关,当观测目标与仪器视线大致同高时,影响较小;当观测目标时,视线

竖直角较大,则整平误差的影响明显增大,此时应特别注意认真整平仪器,当发现水准管气泡偏离零点超过一格以上时,应重新整平仪器、重新观测。

3. 目标偏心误差

如图 3-11 所示,O 为测站点,B 为目标点,若供瞄准的目标倾斜,使照准点与 B 点不在同一铅垂线上,而偏离至 B',B、B' 点间的距离 BB' 称为目标偏心距,以 e_1 表示,则目标偏心误差对所测水平角的影响为

$$\delta = \frac{e_1 \sin\theta}{D}\rho'' \tag{3-9}$$

式中 D——OB 的水平距离;

      θ'——观测方向与目标偏心方向之间的夹角。

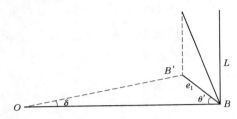

图 3-11   目标偏心误差

由式(3-9)可知,δ 与目标偏心距 e_1 成正比,与仪器至目标点的距离 D 成反比,当 $\theta' = 90°$,即目标偏心方向与观测方向垂直时,目标偏心影响最大。

当 $e_1 = 3$ mm,$D = 100$ m,$\theta' = 90°$时

$$\delta = \frac{3\sin 90°}{100 \times 1\,000} \times 206\,265'' = 6.2''$$

为了减少目标偏心对水平角观测的影响,当用标杆作为观测标志时,标杆应竖直,且尽量瞄准标杆的底部。当仪器至目标的距离较短时,最好用垂球线或测钎作为观测标志。

4. 观测误差

(1)照准误差。照准误差主要与望远镜放大倍率 v 有关,也受到对光的视差,观测标志的形式以及大气温度、透明度等外界因素的影响,一般可用下式来计算

$$m_{照} = \pm\frac{60''}{v} \tag{3-10}$$

DJ$_6$ 型经纬仪的望远镜放大倍率一般为 26 ~ 30 倍,故照准误差约为 2'' ~ 2.30''。

(2)读数误差。读数误差主要与经纬仪所采用的读数设备有关,DJ$_6$ 型经纬仪上读数设备的读数中误差为 ±6''。

5. 外界条件的影响

外界条件的影响比较复杂,人为一般难以控制,如强风、松软的土质会影响仪器的稳定;地面辐射热会影响物像的跳动;大气的透明度会影响照准精度;温度的变化会影响仪器的整平等。因此,只有选择有利的观测时间和条件,尽量避开不利因素,才能将其对观测的影响降低到最小程度。

（三）水平角观测注意事项

用经纬仪测角时，往往由于疏忽大意而产生错误，如测角时仪器没有对中、整平，望远镜瞄准目标不正确，度盘读数读错，记录记错和拧错制动螺旋等，因此测角时必须注意以下几点：

（1）仪器安置的高度要合适，脚架要踩实。在观测时不要手扶或碰动三脚架，转动照准部和使用各种螺旋时，用力要轻。

（2）严格整平，若观测的两个目标高低相差较大，更需注意仪器整平。

（3）对中要准确，测角精度要求越高或边长越短，对中要求越严格。

（4）照准时尽量用十字丝交点瞄准标杆底部或木桩上的小钉。

（5）记录时一定要按观测目标的顺序记录水平度盘的读数，记录要清楚，如发现错误应立即重测。

（6）在一个测回的水平角观测过程中不得再调整照准部水准管。若气泡偏离中央太多，需再次整平仪器，重新观测。

任务三　方向观测法观测水平角

一、任务内容

（一）学习目的

（1）掌握水平角观测原理。

（2）掌握方向观测法测水平角的方法。

（二）仪器设备

每组 J_6 级光学经纬仪 1 台、测钎 2 个、记录板 1 个。

（三）学习任务

每组用方向观测法完成有 4 个观测方向的一测站观测任务。

（四）要点及流程

（1）要点：方向观测法要随时注意各项限差是否超限，才能保证最后成果可靠。

（2）流程：O 点整平对中经纬仪—顺时针观测 A、B、C、D、A—逆时针观测 A、D、C、B、A（见图 3-12）。

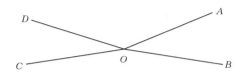

图 3-12　方向观测法观测水平角

（五）记录

水平角方向观测法记录表如表 3-3 所示。

表 3-3 水平角方向观测法记录表

日期:＿＿＿＿＿＿　天气:＿＿＿＿＿＿　仪器型号:＿＿＿＿＿＿　组号:＿＿＿＿＿＿

观测者:＿＿＿＿＿＿　记录者:＿＿＿＿＿＿　立测杆者:＿＿＿＿＿＿

测站	测回数	目标	水平度盘读数		2c (″)	平均读数 (° ′ ″)	归零方向值 (° ′ ″)	各测回平均方向值 (° ′ ″)
			盘左 (° ′ ″)	盘右 (° ′ ″)				

二、学习资料

在一个测站上,当观测方向在3个以上时(见图3-13),一般采用全圆方向观测法,即从起始方向顺次观测各个方向,最后要回测起始方向。最后一步称为"归零",OA 为起始方向,也称零方向。

(一)观测步骤

(1)安置仪器于 O 点,盘左位置且使水平度盘读数略大于 0°时照准起始方向,如图 3-13 中的 A 点,读取水平度盘读数 a。

(2)顺时针方向转动照准部,依次照准 OB、OC、

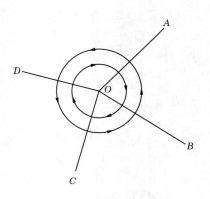

图 3-13　全圆方向法

（未完待续）

·46·

OD 各个方向,并分别读取水平度盘读数为 *b*、*c*、*d*,继续转动再照准起始方向 *OA*,得水平度盘读数为 *a′*,这步观测称为归零。*a′* 与 *a* 之差称为半测回归零差。DJ$_6$ 型经纬仪限差为 18″,DJ$_2$ 型经纬仪限差为 12″。若归零差超限,则说明在观测过程中仪器度盘位置有变动,此半测回需重测。以上观测过程为全圆方向观测法的上半个测回。

(3) 以盘右位置按逆时针方向依次照准 *A*、*D*、*C*、*B*、*A*,并分别读取水平度盘读数。以上为全圆方向观测法的下半个测回,与上半个测回合起来称为一测回。每次读数都应按规定格式记入全圆方向法观测手簿(见表 3-4)中。

表 3-4　全圆方向法观测手簿

测站	测回数	目标	读数		$2c =$ 左 $-$ (右 $\pm180°$)	平均读数 $=$ $1/2[$左$+$ (右$\pm180°$)$]$	归零后方向值	各测回归零方向值之平均数	略图及角值
			盘左	盘右					
			(° ′ ″)	(° ′ ″)	(″)	(° ′ ″)	(° ′ ″)	(° ′ ″)	
1	2	3	4	5	6	7	8	9	10
O	1					(0 01 15)			
		A	0 01 00	180 01 18	−18	0 01 15	0 00 00	0 00 00	
		B	91 54 06	271 54 00	+6	91 54 03	91 52 48	91 52 45	
		C	153 32 48	333 32 48	0	153 32 48	153 31 33	151 31 33	
		D	214 06 12	34 06 06	+6	214 06 09	214 04 54	214 05 00	
		A	0 01 24	180 01 18	+6	0 01 21			
	2					(90 01 27)			
		A	90 01 12	270 01 24	−12	90 01 18	0 00 00		
		B	181 54 00	1 54 18	−18	181 54 09	91 52 42		
		C	243 32 54	63 33 06	−12	243 33 00	153 31 33		
		D	304 06 36	124 06 30	+6	304 06 33	214 05 06		
		A	90 01 36	270 01 36	0	90 01 36			

略图:145°55′00″, 91°27′45″, 62°33′27″, 59°38′48″,方向 A、B、C、D,测站 O

(二)全圆方向观测法的计算与限差

(1) 两倍照准误差 $2c$ 的计算。在同一测回内同一方向盘左、盘右的读数理论上应相差 180°,若不是,其差值称为 $2c$ 差,即

$$2c = 盘左读数 - (盘右读数 \pm 180°)$$

同一测回内各方向 $2c$ 值之间互差(变动范围),对 DJ$_6$ 型经纬仪不应大于 18″。

(2) 一测回各方向平均读数的计算。

$$平均读数 = 1/2[盘左读数 + (盘右读数 \pm 180°)]$$

将计算结果填入表 3-4 中第 7 栏。起始方向有两个平均读数,应再取其平均值,将算出的结果填入同一栏的括号内,如第一测回中的 0°01′15″。

（3）归零方向值的计算。将各个方向的平均读数减去起始方向的平均读数，即可鉴别各方向与起始方向之间的角值，称为归零方向值；显然，起始方向归零后的值为 $0°00'00''$，见表 3-4 中第 8 栏。

（4）各测回归零后方向值平均值的计算。当各测回同一方向的归零方向值之差对于 DJ$_6$ 型经纬仪不大于 24″，对于 DJ$_2$ 型经纬仪不大于 12″，则可取其平均数作为该方向的最后结果。相邻两方向值之差即为水平角。

对于上述各项限差，不同精度的仪器有不同的规定。当观测误差超限时，应进行重测。

任务四　竖直角测量

一、任务内容

（一）学习目的

（1）了解经纬仪的构造和原理。

（2）掌握竖直角测量的方法。

（二）仪器设备

每组 J$_6$ 级光学经纬仪 1 台、花杆 2 个、记录板 1 个。

（三）学习任务

每组应完成 2 个竖直角的观测任务。

（四）要点及流程

（1）要点：竖直角观测时，注意经纬仪竖盘读数与竖直角的区别。

（2）流程：在 A 点观测 B 点的盘左竖盘读数—在 A 点观测 B 点的盘右竖盘读数—计算 A 点至 B 点的竖直角（见图 3-14）。

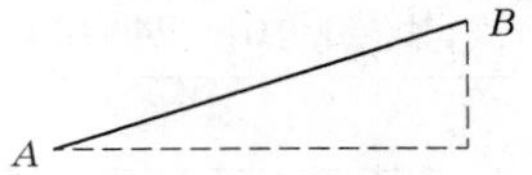

图 3-14　竖直角测量

（五）记录

竖直角观测记录表如表 3-5 所示。

表 3-5　竖直角观测记录表

日期：_____　　天气：_____　　仪器型号：_____　　组号：_____

观测者：_____　　记录者：_____　　立测杆者：_____

测点	目标	竖盘位置	竖盘读数 （°　′　″）	半测回竖直角 （°　′　″）	指标差 （″）	一测回竖直角 （°　′　″）
		左				
		右				
		左				
		右				

测点	目标	竖盘位置	竖盘读数 (° ′ ″)	半测回竖直角 (° ′ ″)	指标差 (″)	一测回竖直角 (° ′ ″)
		左				
		右				
		左				
		右				
		左				
		右				

二、学习资料

(一)竖直度盘的构造

图 3-15 是 DJ$_6$ 型光学经纬仪竖盘结构示意图,主要包括竖盘指标水准管、竖盘指标水准管微动螺旋等。竖盘固定在望远镜横轴的一侧,随望远镜在竖直面内同时上、下转动,竖盘读数指标不随望远镜转动,它与竖盘指标水准管连接在一起,转动竖盘指标水准管微动螺旋,可使竖盘读数指标在竖直面内作微小移动。当竖直指标水准管气泡居中时,指标应处于正确位置,所谓正确位置,即当望远镜视准轴和竖盘指标水准管轴同时水平时,在读数窗上指标所指竖盘读数为一特定的度数,该数通常为 90° 的整数倍,此读数即为视线水平时的竖盘读数。竖盘刻划注记形式很多,常见的光学经纬仪都为全圆式刻划(见图 3-16),其中分顺时针和逆时针两种。多数 DJ$_6$ 型经纬仪的竖盘采用顺时针注记,盘左位置水平视线时竖盘读数均为 90°,盘右位置水平视线时竖盘读数均为 270°。

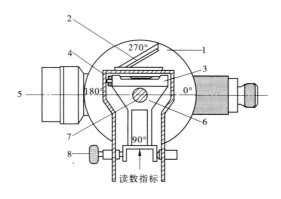

1—竖盘;2—竖盘指标管水准管反光镜;3—竖盘指标管水准器;
4—竖盘指标管水准器校正螺旋;5—视准轴;
6—竖盘指标管水准管支架;7—横轴;8—竖盘指标管水准器微动螺旋

图 3-15　DJ$_6$ 型光学经纬仪竖盘结构示意图

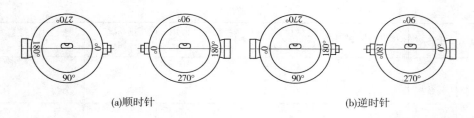

(a)顺时针   (b)逆时针

图 3-16   全圆式竖盘

(二)竖直角的计算

竖直角是指在竖直面内目标方向与水平方向间的夹角。竖直角计算公式应根据竖盘注记形式而定。不论何种注记形式的竖盘,当视线水平时,其读数都是个定值,所以测定竖角时只需读取照准目标时的竖盘读数,将两数相减便得竖直角角值。根据仰角为正原则,只需判断望远镜上仰时读数是增还是减,便可确定竖直角的计算公式。

(1)当望远镜上仰时,如竖盘读数增加,则

竖直角 θ = 照准目标时的读数 − 视线水平时的读数

(2)当望远镜上仰时,如竖盘读数减少,则

竖直角 θ = 视线水平时的读数 − 照准目标时的读数

以图 3-17 的 DJ$_6$ 型光学经纬仪的竖盘注记形式为例:盘左,视线水平时竖直度盘的读数为 90°,当望远镜上仰时,读数减少,盘左竖盘读数记做 L;盘右,视线水平时竖直度盘的读数为 270°,当望远镜上仰时,读数增加,盘右竖盘读数记做 R。

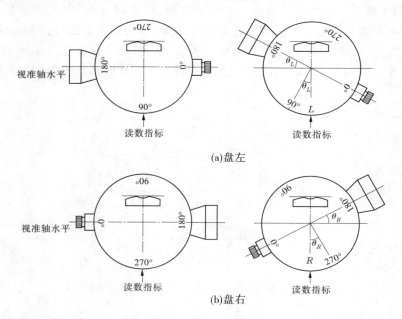

(a)盘左

(b)盘右

图 3-17   竖盘注记形式

根据上述竖直角计算公式可得图 3-17 中竖盘的竖直角计算式为

$$\theta_L = 90° - L \tag{3-11}$$

$$\theta_R = R - 270° \tag{3-12}$$

一测回竖直角为

$$\theta = \frac{1}{2}(\theta_L + \theta_R) = \frac{1}{2}[(R - L) - 180°] \tag{3-13}$$

（三）竖盘指标差

当竖盘指标水准管气泡居中或打开竖盘指标补偿器望远镜视准轴水平时,竖盘指标偏离起始位置一个角度 x,所偏离的 x 角就是竖盘指标差。

如图 3-18 所示,设 θ 为不含竖盘指标差 x 的观测值,由竖盘注记形式可推导出竖直角计算公式,即

$$\theta_左 = 90° - (L - x) = \theta_L + x \tag{3-14}$$

$$\theta_右 = (R - x) - 270° = \theta_R - x \tag{3-15}$$

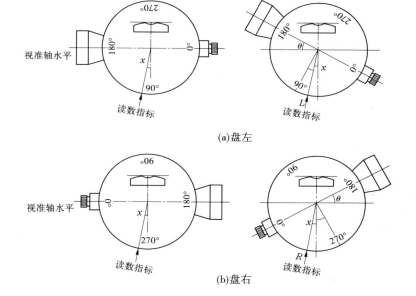

(a)盘左

(b)盘右

图 3-18　竖盘指标差

一测回竖直角

$$\theta = \frac{\theta_左 + \theta_右}{2} = \frac{1}{2}(R - L - 180°) \tag{3-16}$$

由式(3-16)可知,盘左、盘右取平均值可以消除竖盘指标差对竖直角观测结果的影响。式(3-14)与式(3-15)相减,当不考虑其他误差的影响时,$\theta_右 - \theta_左 = 0$,即

$$x = \frac{1}{2}(R + L - 360°) \tag{3-17}$$

（四）竖直角的观测

竖直角观测应用横丝瞄准目标的特定位置,例如标杆的顶部或标尺上的某一位置。竖直角观测的操作程序如下:

(1)在测站点上安置好经纬仪,对中、整平,判断竖直角计算公式。

（2）盘左瞄准目标,使十字丝横丝切于目标某一位置,旋转竖盘指标管水准器微动螺旋使竖盘指标管水准气泡居中,或打开竖盘指标自动补偿器按钮,读取竖盘读数 L。

（3）盘右瞄准目标,使十字丝横丝切于目标同一位置,旋转竖盘指标管水准器微动螺旋使竖盘指标管水准气泡居中,或打开竖盘指标自动补偿器按钮,读取竖盘读数 R 并记入竖直角观测手簿(见表3-6)。

表3-6　竖直角观测手簿

测站	目标	盘位	竖盘读数			半测回竖直角			一测回竖直角			说明
			(°　′　″)			(°　′　″)			(°　′　″)			
O	A	左	94	33	24	−4	33	24	−4	33	42	当望远镜水平时,读数为90°,仰角读数减小
		右	265	26	00	−4	34	00				
O	B	左	81	34	00	+8	26	00	+8	25	54	
		右	278	25	48	+8	25	48				

任务五　经纬仪的检验与校正

一、任务内容

（一）学习目的

（1）了解经纬仪的构造和原理。

（2）掌握经纬仪的检验和校正方法。

（二）仪器设备

每组 J_6 级光学经纬仪 1 台、测钎 2 个、三角板 1 个、皮尺 1 把、记录板 1 个。

（三）学习任务

每组完成经纬仪的检验任务(照准部水准管轴、十字丝竖丝、视准轴、横轴、光学对中器、竖盘指标差)。

（四）要点及流程

（1）要点:经纬仪检验时,要以高精度要求观测。竖直角观测时,注意经纬仪竖盘读数与竖直角的区别。

（2）流程:照准部水准管轴—十字丝竖丝—视准轴—横轴—光学对中器—竖盘指标差。

（五）记录

（1）照准部水准管的检验。

用脚螺旋使照准部水准管气泡居中后,将经纬仪的照准部旋转180°,照准部水准管气泡偏离_____格。此项是否需要校正:_____。

（2）十字丝竖丝是否垂直于横轴。

在墙上找一点,使其恰好位于经纬仪望远镜十字丝上端的竖丝上,旋转望远镜上下微动螺旋,用望远镜下端对准该点,观察该点_____(填"是"或"否")仍位于十字丝下端的竖丝上。此项是否需要校正:_____。

（3）视准轴的检验。

方法:如图 3-19 所示,在平坦地面上选择一直线 AB,为 $60 \sim 100$ m,在 AB 中点 O 架仪器,并在 B 点垂直横置一小尺。盘左瞄准 A,倒镜在 B 点小尺上读取 B_1;再用盘右瞄准 A,倒镜在 B 点小尺上读取 B_2,经计算,若 J_6 级经纬仪 $2c > 60''$;J_2 级经纬仪 $2c > 30''$,则需校正。

用皮尺量得:$OB = $ _____。

B_1 处读数为_____,B_2 处读数为_____,$B_1 B_2 = $ _____。

经计算得:$c = \dfrac{B_1 B_2}{4OB}\rho'' = $ _____。

此项是否需要校正:_____。

（4）横轴的检验。

方法:如图 3-20 所示,在 $20 \sim 30$ m 处的墙上选一仰角大于 $30°$ 的目标点 P,先用盘左瞄准 P 点,放平望远镜,在墙上定出 P_1 点;再用盘右瞄准 P 点,放平望远镜,在墙上定出 P_2 点。定出 $P_1 P_2$ 的中点 P_M,经计算,若 J_6 级经纬仪 $i > 20''$,则需校正。

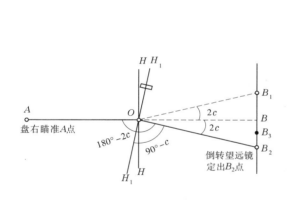

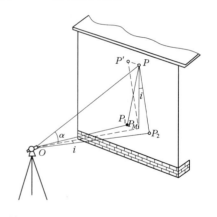

图 3-19 视准轴的检验   图 3-20 横轴的检验

用皮尺量得 O 点至 P_M 点间的距离 $D = $ _____ m。

用经纬仪测得竖直角为_____,如表 3-7 所示。

表 3-7 竖直角计算表

测点	目标	竖盘位置	竖盘读数 （° ′ ″）	半测回竖直角 （° ′ ″）	指标差 （″）	一测回竖直角 （° ′ ″）
		左				
		右				

用小钢尺量得:$P_1 P_2 = $ _____。

经计算得:$i = \dfrac{P_1 P_2}{2D\tan\alpha}\rho'' = $ _____。

此项是否需要校正：_____。

（5）指标差的检验。

指标差检验计算表如表3-8所示。

表3-8　指标差检验计算表

测点	目标	竖盘位置	竖盘读数 （°　′　″）	半测回竖直角 （°　′　″）	指标差 （″）	一测回竖直角 （°　′　″）
		左				
		右				
		左				
		右				
		左				
		右				

此项是否需要校正：_____。

（6）光学对中器的检验。

如图3-21所示，安置经纬仪后，使光学对中器十字丝中心精确对准地面上一点 P，再将经纬仪的照准部旋转180°，眼睛观察光学对中器，看 P 点_____（填"是"或"否"）仍精确处于光学对中器十字丝中心。此项是否需要校正：_____。

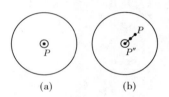

图3-21　光学对中器的检验

二、学习资料

（一）经纬仪的轴线关系

经纬仪的主要轴线如图3-22所示，VV 为竖轴，HH 为横轴，LL 为水准管轴，CC 为视准轴，它们应满足以下关系：

（1）水准管轴应垂直于竖轴（$LL \perp VV$）。

（2）视准轴应垂直于横轴（$CC \perp HH$）。

（3）横轴应垂直于竖轴（$HH \perp VV$）。

（4）十字丝竖丝应垂直于横轴。

（5）竖盘指标差应等于零。

上述条件满足后，当经纬仪水准管气泡居中时，水准管轴处于水平状态，仪器竖轴处于铅直状态，水平度盘水平；同时，仪器横轴处于水平状态，望远镜上、下转动时，视准轴形成一个铅垂面；当视准轴水平与竖盘指标水准管气泡居中时，竖盘的读数应为90°或90°的倍数，此时经纬仪具备观测水平角和竖直角的条件。

（二）经纬仪的检验与校正

1. 水准管轴应垂直于竖轴

（1）检验。先将仪器大致整平，转动照准部使水准管平行于任意一对脚螺旋的连线，

即 $ab /\!/ AB$(见图 3-23（a）），调节脚螺旋 A 和 B，使气泡居中；转动照准部，使水准管 $ab /\!/ AC$（注意：a 端与脚螺旋 A 在同一侧，旋转脚螺旋 C 时不能转动脚螺旋 A），并使气泡居中（见图 3-23（b）），这时 B、C 两个脚螺旋已等高；转动照准管使 $ab /\!/ CB$（见图 3-23（c）），若水准管气泡仍居中，则条件满足，否则应进行校正。

（2）校正。用拨针拨动水准管校正螺旋，使气泡精确居中。校正时不能转动脚螺旋 B、C，因经过（a）、（b）两步操作后，B、C 脚螺旋已等高。再重复进行几次，直至照准部转到任何位置，气泡偏离零点位置都不超过一格。

2. 十字丝竖丝应垂直于横轴

（1）检验。整平仪器，从十字丝竖丝一端照准一清晰的固定点，固定照准部和望远镜的制动螺旋，微动望远镜的微动螺旋，使望远镜上下微动，如果所照准的点始终不离竖丝，则条件满足，否则应进行校正。

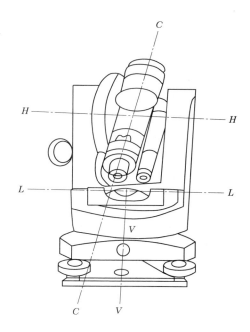

图 3-22　经纬仪的轴线关系

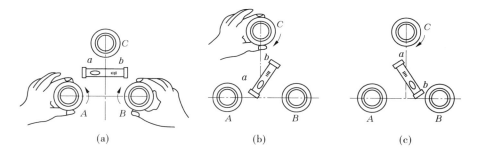

（a）　　　　　　　（b）　　　　　　　（c）

图 3-23　照准部水准管的检验和校正

（2）校正。卸下目镜端护盖，如图 3-24 所示，为十字线分划板校正设备，松开 4 只十字丝分划板套筒压环固定螺旋，转动十字丝套筒使十字丝竖丝处于正确位置后，拧紧压环固定螺旋。

3. 视准轴应垂直于横轴

1）读数法

（1）检验。安置经纬仪，盘左照准一个清晰的固定点，水平度盘读数设为 a_1；盘右位置照准同一点，水平度盘读数设为 a_2；若 $a_1 = a_2 \pm 180°$，则条件满足，否则计算盘右位置照准目标的平均读数 a，即

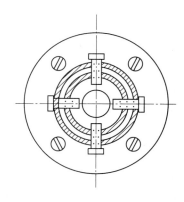

图 3-24　十字丝分划板校正设备

$$a = \frac{1}{2}[a_2 + (a_1 \pm 180°)]$$ (3-18)

(2)校正。微动照准部微动螺旋,使水平度盘读数等于 a,此时十字丝交点已偏离所照准的固定点,然后用拨针拨动十字丝环上的左右两只校正螺旋,一松一紧水平移动直到十字丝交点对准所照准的固定点,这种方法适用于 J_2 级经纬仪,对单指标的 J_6 级经纬仪,只有在度盘偏心差很小时才能见效,否则 $2c$ 中包含了较大的偏心差,校正将得不到正确的结果。因此,对于 J_6 级经纬仪最好采用以下四分之一法。

2)四分之一法

(1)检验。选 100 m 左右的平坦地面安置仪器于 O 点(见图 3-25(a)),整平仪器,盘左照准 50 m 左右的目标点 A,固定照准部,转动望远镜,根据十字丝交点在 50 m 外的地面上标定出 B_1 点,再以盘右照准 A 点,然后倒转望远镜定出 B_2 点,如果 B_1 与 B_2 重合,则说明视准轴垂直于横轴,否则需要校正。

(2)校正。如图 3-25(b)所示,OB_1 偏离 AO 的延长线 $2c$(c 为视准轴误差),OB_2 亦偏离 AO 的延长线 $2c$。因此,校正时先由 B_2 点(盘右位置)向 B_1 点量 $\frac{1}{4}|B_1B_2|$ 的长度,定出 B 点,然后用拨针拨动十字丝左右两个校正螺旋,使十字丝交点与 B 点重合,即视准轴垂直横轴。这项检验要反复几次,直到 B_1B_2 的长度小于 1 mm。

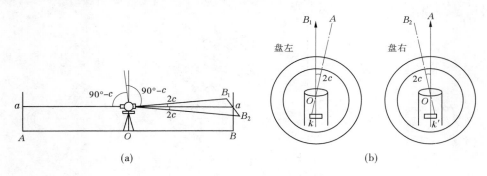

(a)　　　　　　　　　　　　　　　　　(b)

图 3-25　视准轴垂直于横轴的检验

4. 横轴应垂直于竖轴

(1)检验。将仪器安置在离墙 20 ~ 30 m 处,盘左位置照准墙上高处一固定点 P,如图 3-26 所示,选择 P 点时应使仰角大于 30°,且使视线尽量正对墙面,照准 P 点后,用水平视线在墙上定出一点 P_1;以盘右位置照准 P 点,再用水平视线在墙上定出一点 P_2;如 P_1、P_2 两点重合,则条件满足,否则需要校正。

(2)校正。因为盘左与盘右位置的照准面是向着相反的方向各偏了一角度 i,所以 P_1、P_2 两点的中心 P_0 和高处的 P 点是在同一铅垂线上。校正时,照准 P_1P_2 中点 P_0 后仰视 P 点,如果横轴不垂直于竖轴,此时十字丝交点必然落到 P 点一侧的 P' 点,调节横轴一端的高低,使十字丝交点对准 P 点。横轴的校正方法因仪器构造不同而异,图 3-27 为 DJ_6 型光学经纬仪常见的横轴校正装置,校正时,打开仪器右支架护盖,放松 3 个校正螺旋 1,

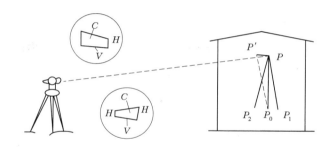

图 3-26　横轴垂直于竖轴的检验与校正

转动偏心轴承板 2,即可使横轴右端升降。

　　光学经纬仪的横轴是密封的,出厂时此条件已有保证。通过检查,当必须校正时,应由有经验的仪器检修人员进行或送回厂家修理。

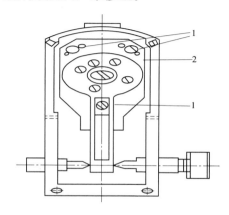

1—校正螺旋;2—偏心轴承板

图 3-27　偏心板校正

任务六　电子经纬仪的使用

一、任务内容

(一)学习目的

(1)掌握 DT 系列电子经纬仪的使用操作方法 。

(2)掌握使用 DT 系列电子经纬仪测水平角和竖直角的方法。

(二)仪器设备

每组 DT 系列电子经纬仪 1 台、标杆 2 个、记录板 1 个。

(三)学习任务

每组完成电子经纬仪的安置 3 次,用测回法完成 2 个水平角的观测任务,用方向观测法完成有 4 个观测方向的一测站观测任务,完成 2 个竖直角的观测任务。

（四）要点及流程

1. 要点

（1）要注意测角时的限差要求,若超限,则应立即重测。

（2）注意测量的记录格式。

2. 流程

学生自主定义测站和待测点。

流程:安置仪器—测回法测水平角—方向观测法测水平角—测量竖直角。

（五）记录

水平角测回法记录表如表3-9 所示。

表 3-9　水平角测回法记录表

日期:＿＿＿＿＿＿　　天气:＿＿＿＿＿＿　　仪器型号:＿＿＿＿＿＿　　组号:＿＿＿＿＿＿

观测者:＿＿＿＿＿＿　　记录者:＿＿＿＿＿＿　　立测杆者:＿＿＿＿＿＿

测点	盘位	目标	水平度盘读数 （° ′ ″）	水平角		示意图
				半测回值 （° ′ ″）	一测回值 （° ′ ″）	

水平角方向观测法记录表如表 3-10 所示。

表 3-10　水平角方向观测法记录表

日期：_____　　天气：_____　　仪器型号：_____　　　组号：_____

观测者：_____　　记录者：_____　　立测杆者：_____

测站	测回数	目标	水平度盘读数		2c (″)	平均读数 (° ′ ″)	归零方向值 (° ′ ″)	各测回平均方向值 (° ′ ″)
			盘左 (° ′ ″)	盘右 (° ′ ″)				

竖直角记录表如表 3-11 所示。

表 3-11　竖直角记录表

日期：_____　　天气：_____　　仪器型号：_____　　　组号：_____

观测者：_____　　记录者：_____　　立测杆者：_____

测点	目标	竖盘位置	竖盘读数 (° ′ ″)	半测回竖直角 (° ′ ″)	指标差 (″)	一测回竖直角 (° ′ ″)
		左				
		右				
		左				
		右				

测点	目标	竖盘位置	竖盘读数 (° ′ ″)	半测回竖直角 (° ′ ″)	指标差 (″)	一测回竖直角 (° ′ ″)
		左				
		右				

二、学习资料

DT 系列电子经纬仪操作手册如下。

(一)预备事项

1. 预防事项

(1)阳光下测量应避免将物镜直接瞄准太阳。若在太阳下作业应安装滤光器。

(2)避免在高温和低温下存放和使用仪器,亦应避免温度骤变(使用时气温变化除外)。

(3)仪器不使用时,应将其装入箱内,置于干燥处,注意防震、防尘和防潮。

(4)若仪器工作处的温度与存放处的温度差异太大,应先将仪器留在箱内,直到它适应环境温度后再使用仪器。

(5)仪器长期不使用时,应将仪器上的电池卸下分开存放。电池应每月充电一次。

(6)仪器运输应将仪器装于箱内进行,运输时应小心避免挤压、碰撞和剧烈震动,长途运输最好在箱子周围使用软垫。

(7)仪器安装至三脚架或拆卸时,要一只手先握住仪器,以防仪器跌落。

(8)外露光学件需要清洁时,应用脱脂棉或镜头纸轻轻擦净,切不可用其他物品擦拭。

(9)不可用化学试剂擦拭塑料部件及有机玻璃表面,可用浸水的软布擦。

(10)仪器使用完毕后,用绒布或毛刷清除仪器表面灰尘,仪器被雨水淋湿后,切勿通电开机,应及时用干净软布擦干并在通风处放一段时间。

(11)作业前应仔细全面检查仪器,确定仪器各项指标、功能、电源、初始设置和改正参数均符合要求时再进行作业。

(12)即使发现仪器功能异常,非专业维修人员不可擅自拆开仪器,以免发生不必要的损坏。

2. 部件名称

经纬仪的部件名称见图 3-28。

3. 仪器开箱和存放

(1)开箱:轻放下仪器箱,让箱盖朝上,打开箱子的锁栓,开启箱盖,取出仪器。

(2)存放:将望远镜垂直朝下(或朝上),使照准部与基座的装箱标记对齐,将仪器装箱标记朝上平卧放入箱中,轻轻旋紧垂直自动旋钮,盖好箱盖并关上锁栓。

4. 电池的装卸、信息

(1)电池装卸。取下电池盒时,按下电池盒顶部的按钮,顶部朝外向上将电池盒取出。

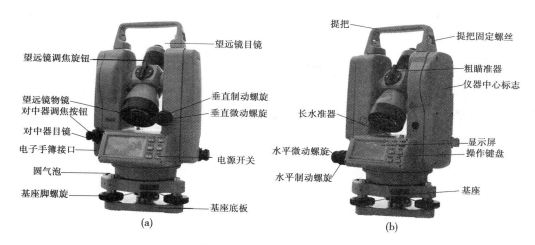

图 3-28　经纬仪的部件名称

安装电池盒时,先将电池盒底部凸起插入仪器上的凹槽中,按压电池盒顶部按钮,使其卡入仪器中固定归位。每次取下电池盒时,都必须先关掉仪器电源,否则仪器易损坏。

(2)电池信息。电池新充电时可供仪器使用 8 ~ 10 h。显示屏右下角的符号"⬛电量"显示电池电量的消耗信息,电池电量的消耗情况如下:

"⬛电量"及"◣电量":电量充足,可操作使用。

"◢电量":刚出现此信息时,表示尚有少量电量,应准备随时更换电池或充电后再使用。

"◢电量"闪烁到消失:从闪烁到缺电关机大约可持续几分钟,应立即结束操作更换电池并充电。

(二)键盘功能与信息显示

1.键盘符号与功能

键盘符号与功能见图 3-29,表 3-12。

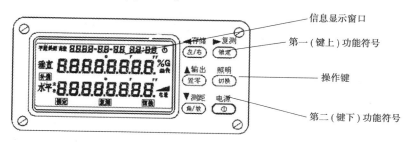

图 3-29　键盘符号与功能

本仪器键盘具有一键双重功能,一般情况下仪器执行按键上所标示的第一(基本)功能,当按下 切换 键后再按其余各键则执行按键上方面板上所标示的第二(扩展)功能。

表 3-12　键盘符号与功能

◀存储 左/右	左/右 存储 (◀)	显示左旋/右旋水平角选择键。连续按此键,两种角值交替显示 存储键。切换模式下按此键,当前角度闪烁两次,然后当前角度数据存储到内存中 在特种功能模式中按此键,显示屏中的光标左移
▶复测 锁定	锁定 复测 (▶)	水平角锁定键。按此键两次,水平角锁定;再按一次则解除 复测键。切换模式下按此键进入复测状态 在特种功能模式中按此键,显示屏中的光标右移
▲输出 置零	置零 输出 ▲	水平角置零键。按此键两次,水平角置零 输出键。切换模式下按此键,输出当前角度到串口,也可以令电子手簿执行记录 减量键。在特种功能模式中按此键,显示屏中的光标可向上移动或数字向下减少
▼测距 角/坡	角/坡 测距 ▼	竖直角和斜率百分比显示转换键。连续按此键交替显示 测距键。在切换模式下,按此键每秒跟踪测距一次,精度至 0.01 m(连接测距仪有效)。连续按此键则交替显示斜距、平距、高差、角度 增量键。在特种功能模式中按此键,显示屏中的光标可向上移动或数字向上增加
照明 切换	切换 照明	模式转换键。连续按键,仪器交替进入一种模式,分别执行键上或面板标示功能。在特种功能模式中按此键,可以退出或者确定 望远镜十字丝和显示屏照明键。长按(3 s)切换开灯照明;再长按(3 s)则关
电源 ○	电源	电源开关键。按键开机;按键大于 2 s 则关机

2. 操作面板与操作键

操作面板与操作键见图 3-30、表 3-13。

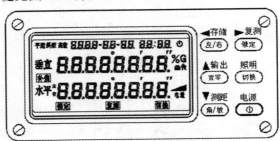

图 3-30　操作面板

表 3-13　操作键符号及功能

按键	功能 1	功能 2
◀存储 左/右	水平角右旋增量或左旋增量	测量数据存储
▶复测 锁定	水平角锁定	重复测角测量

按键	功能 1	功能 2
▲ 输出 置零	水平角清零	测量数据串口输出
照明 切换	第二功能选择	显示器照明和分划板照明
▼ 测距 角/坡	垂直角/坡度角百分比	斜/平/高距离测量
电源 ①	电源开关	

3. 信息显示符号

液晶显示屏采用线条式液晶,常用符号全部显示时的位置如图 3-31 所示。

中间两行各 8 个数位显示角度或距离观测结果数据或提示字符串。左右两侧所示的符号或字母表示数据的内容或采用的单位名称。符号内容见表 3-14。

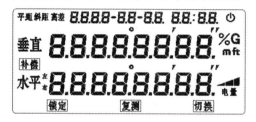

图 3-31　液晶显示屏常用符号全部显示时的位置

表 3-14　符号内容

符号	内容	符号	内容
垂直	垂直角	%	斜率百分比
水平	水平角	G	角度单位:格(Gon)(角度采用度及密位时无符号显示)
水平右	水平右旋(顺时针)增量		
水平左	水平左旋(顺时针)增量	m	距离单位:米
平距	平距	ft	距离单位:英尺
斜距	斜距	电量	电池电量
高差	高差	锁定	锁定状态
补偿	倾斜补偿功能	①	自动关机标志
复测	复测状态	切换	第二功能切换

(三)初始设置

本仪器具有多种功能项目供选择,以适应不同作业性质对成果的需要。因此,在仪器使用前,应按不同作业需要,对仪器采用的功能项目进行初始设置。

1. 设置项目

（1）角度测量单位:360°、400 gon、6 400 mil（出厂设为360°）。

（2）竖直角0方向的位置:水平为0°或天顶为0°（仪器出厂设天顶为0°）。

（3）自动断电关机时间为:30 min（分钟）或10 min（分钟）（出厂设为30 min）。

（4）角度最小显示单位:1″或5″（出厂设为1″）。

（5）竖盘指标零点补偿选择:自动补偿或不补偿（出厂设为自动补偿）（无自动补偿的仪器此项无效）。

（6）水平角读数经过0°、90°、180°、270°象限时蜂鸣或不蜂鸣（出厂设为蜂鸣）。

（7）激光下对点强度等级设置。

（8）当前的时间设置。（注:出厂设置为当前时间,时间格式为 YYYY-MM-DD HH:MM,即 年-月-日 小时:分钟）

2. 设置方法

（1）按住 左/右 键打开电源开关,至三声蜂鸣后松开 左/右 键。仪器进入初始设置模式状态,显示器显示如图3-32所示。

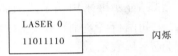

图3-32 显示器显示

显示器下一行8个数位分别表示初始设置的内容如下:

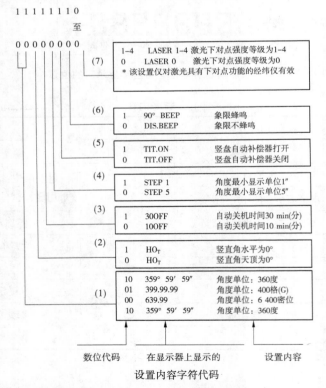

（2）按◄或►键使闪烁的光标向左或向右移动到要改变的数字位。

（3）按▲或▼键改变数字,该数字所代表的设置内容在显示器上行以字符代码的形式予以提示。

（4）重复（2）和（3）操作进行其他项目的初始设置直至全部完成。

（5）设置完成后按 切换 键予以确认,然后仪器进入时间设置界面。

（6）时间格式按 年-月-日 小时：分钟 如 2007-01-01 00：00 ,然后按◄或►键使闪烁的光标向左或向右移动到要改变的数字位。

（7）按▲或▼键改变数字,该数字所代表的设置内容在显示器上行以字符代码的形式予以提示。

（8）比如设置时间为 2007-01-01 00：00 首先设置年为 2007 ,此时时间格式年对应的位置光标闪烁,通过按▲或▼键改变数字,选择为 2007。其他月、日、小时、分钟的设置类似。（注：秒值不用设置）

（9）设置完成后按 切换 键予以确认,将新的时间设置存入仪器。

（四）测量准备

1.仪器的安置、对中和整平

1）安置三脚架和仪器

（1）选择坚固地面放置脚架之三脚,架设脚架头至适当高度,以方便观测操作。

（2）将垂球挂在三脚架的挂钩上,使脚架头尽量水平地移动脚架位置并让垂球粗略对准地面测量中心,然后将脚尖插入地面使其稳固。

（3）检查脚架各固定螺丝固紧后,将仪器置于脚架头上并用中心连接螺丝连接、固定。

2）使用光学对中器对中

（1）调整仪器三个脚螺旋使圆水准器气泡居中。通过对中器目镜观察,调整目镜调焦旋钮,使对中分划标记清晰。

（2）调整对中器的调焦旋钮,直至地面测量标志中心清晰并与对中分划标记在同一成像平面内。

（3）松开脚架中心螺丝（松至仪器能移动即可）,通过光学对中器观察地面标志,小心地平移仪器（勿旋转）,直到对中十字丝（或圆点）中心与地面标志中心重合。

（4）再调整脚螺旋,使圆水准器的气泡居中。

（5）再通过光学对中器,观察在面标志中心是否与对中器中心重合,否则重复（3）和（4）操作,直至重合。

（6）确认仪器对中后,将中心螺丝旋紧固定好仪器。仪器对中后不要再碰三脚架的三个脚,以免破坏其位置。

3）用长水准器精确整平仪器

（1）旋转仪器照准部让长水准器与任意两个脚螺旋连线平行,调整这两个脚螺旋,使长水准器气泡中。调整两个脚螺旋时,旋转方向应相反,如图3-33所示。

（2）将照准部转动90°,用另一脚螺旋使长水准器气泡居中。

（3）重复（1）和（2），使长水准器在该两个位置上气泡都居中。

（4）在（1）的位置将照准部转动180°，如果气泡居中并且照准部转动至任何方向气泡都居中，则长水准器安置正确且仪器已整平。

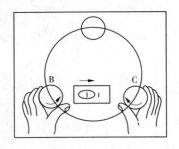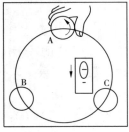

图 3-33　调整脚螺旋

2. 望远镜目镜调整和目标照准

1）目镜调整

（1）取下望远镜镜盖。

（2）将望远镜对准天空，通过望远镜观察，调整目镜旋钮，使分划板十字丝最清晰。当光亮度不足难以看清十字丝时，长按切换键照明。

2）目标照准

（1）用粗瞄准器的准星对准目标。

（2）调整望远镜调焦旋钮，直至看清目标。

（3）旋紧水平与垂直制动旋钮，微调两微动旋钮，将十字丝中心精确照准目标，此时眼睛左右上下轻微移动观察，若目标与十字丝两影像间有相对移位现象，则应该再微调望远镜调焦旋钮，直至两影像清晰且相对静止。

3. 打开或关闭电源

按键式电源开关操作与显示见表3-15。

表 3-15　按键式电源开关操作与显示

操作	显示
按住 电源 键至显示屏显示全部符号，电源打开	平距 斜距 高差 8.8.8.8-88-8.8. 88:8.8 ⏻ 垂直 8.8.8.8.8.8.8.8 %G mft 补偿 水平 8.8.8.8.8.8.8.8 锁定　复测　切换
2 s 后显示出水平角值，即可开始测量水平角	2007-03-21 08:38 垂直 b 补偿 水平 108°40'10"

操作	显示
按 电源 键大于 2 s 至显示屏显示 OFF 符号后松开,显示内容消失,电源关闭	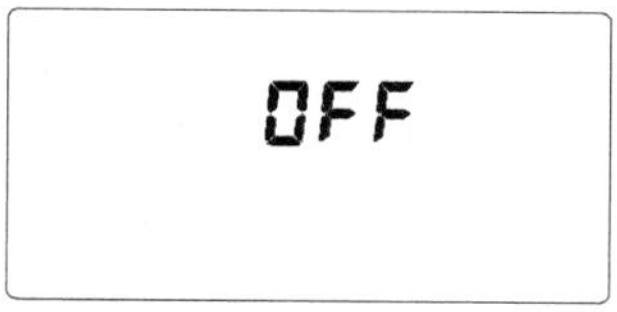 **OFF**

4. 指示竖盘指标归零(垂直 置零)

指示竖盘指标归零操作与显示见表 3-16。

表 3-16 指示竖盘指标归零操作与显示

操作	显示
开启电源后如果显示"b",提示仪器的竖轴不垂直,将仪器精确置平后"b"消失。 仪器精确置平后开启电源,直接显示竖盘角值。 当望远镜通过水平视线时将指示竖盘指标归零,显示出竖盘角值。仪器可以进行水平角及竖直角测量	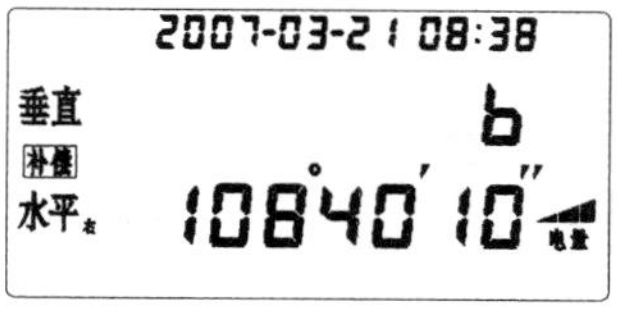 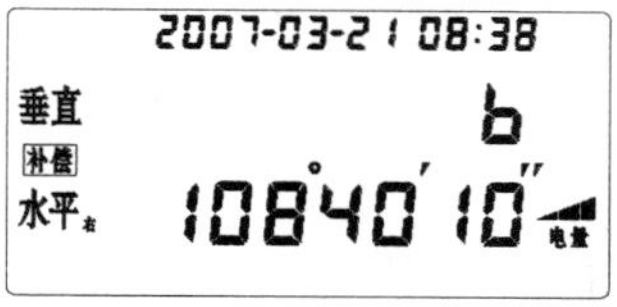 2007-03-21 08:38 垂直 b 补偿 水平 108°40′10″ 2007-03-21 08:38 垂直 b 补偿 水平 108°40′10″

(五)基本测量

1. 盘左/盘右观测

"盘左"是指观测者对着望远镜时,竖盘在望远镜的左边;"盘右"是指观测者对着望远镜目镜时,竖盘在望远镜的右边,如图 3-34 所示。取盘左和盘右读数的平均数作为观测值,可以有效地消除仪器相应的系统误差对成果的影响。因此,在进行水平角和竖直角观测时,要在完成盘左观测之后,转动望远镜 180°再完成盘右观测。

2. 水平角置"0"(置零)

将望远镜十字丝中心照准目标 A 后,按 置零 键两次,使水平角读数为"0°00′00″"。如:

照准目标 A 水平角显示为 50°10′20″ → 按两次 置零 键 → 显示目标 A 水平角为 0°00′00″ 。

置零 键只对水平角有效。除已锁定 锁定 键状态外,任何时候水平角均可置"0"。若在操作过程中误按 置零 键盘,只要不按第二次就没关系,当鸣响停止,便可继续以后的

盘右观测　　　　　　盘左观测

图3-34　盘左/盘右观测

操作。

3.水平角与竖直角测量

(1)设置水平角右旋与竖直角天顶为0°。

顺时针方向转动照准部(水平右),以十字丝中心照准目标A,按 置零 键两次,目标A的水平角度设置为0°00′00″,作为水平角起算的零方向。照准目标A时的具体步骤及显示为

$$\begin{array}{l}\text{垂直}\quad 93°20′30″\\ \text{水平}_右\ 10°50′40″\end{array} \xrightarrow[\text{置零}]{\text{按两次}} \begin{array}{l}\text{插座}\quad 93°20′30″\\ \text{水平}_右\ 0°00′00″\end{array}$$ A方向竖直角(天顶距)值 A方向水平角已置"0"

顺时针方向转动照准部(水平右),以十字丝中心照准目标B时显示为

$$\begin{array}{l}\text{垂直}\quad 91°05′10″\\ \text{水平}_右\ 50°10′20″\end{array}$$ B方向竖直角(天顶距)值 AB方向间右旋水平角值

(2)按左/右键后,水平角设置成左旋测量方式。

逆时针方向转动照准部(水平左),以十字丝中心照准目标A,按两次 置零 键将A方向水平角置"0"。步骤和显示结果与(1)的A目标相同。

逆时针方向转动照准部(水平左),以十字丝中心照准目标B时显示为

$$\begin{array}{l}\text{垂直}\quad 91°05′10″\\ \text{水平}_左\ 309°49′40″\end{array}$$ B方向竖直角(天顶距)值 AB方向间左旋水平角值

4.水平角锁定与解除(锁定)

在观测水平角过程中,若需保持所测(或对某方向需预置)水平角,按 锁定 键两次即可。水平角被锁定后,显示"锁定"符号,再转动仪器水平角也不发生变化。当照准至所需方向后,再按 锁定 键一次,解除锁定功能,此时仪器照准方向的水平角就是原锁定的水平角值。

5. 水平角象限鸣响设置

（1）照准定向的第一个目标，按 置零 键两次，使水平角置"0"。

（2）将照准部转动约90°，至有鸣响时停止，显示 89°59′20″ 。

（3）旋紧水平制动旋钮，用微动旋钮使水平读数显示为 90°00′00″ ，用望远镜十字丝确定象限目标点方向。

（4）用同样的方法转动照准部确定180°、270°的象限目标点方向。

6. 竖直角的零方向设置

竖直角在作业开始前就应依作业需要进行初始设置，选择天顶方向为0°或水平方向为0°（方法参阅初始设置说明）。

7. 天顶距与垂直角的测量

（1）天顶距：如竖直角选择天顶方向为0°，测得（显示）的竖直角 V 为天顶距，如图3-35所示。

$$天顶距 = (L + 360° - R)/2$$
$$指标差 = (L + R - 360°)/2$$

（2）垂直角：如竖直角选择水平方向为0°，则测得（显示）的竖直角 V 为垂直角，如图3-35所示。

$$垂直角 = (L ± 180° - R)/2$$
$$指标差 = (L + R - \frac{180°}{540°})/2$$

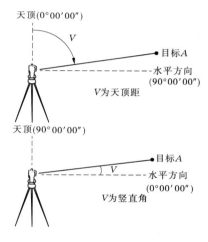

图3-35 天顶距垂直角的测量

8. 斜率百分比

在测角模式下测量。竖直角可以转换成斜率百分比。按 角/坡 键，显示器交替显示竖直角和斜率百分比。

$$斜率百分比值 = H/D × 100\%$$

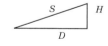

斜率百分比范围从水平方向至±45°（±50 G），若超过此值，则仪器显示斜率值超限EEE.EEE%。

9. 重复角度测量

开机使仪器处于测量角度模式，操作及显示见表3-17。

10. 角度输出功能

开机进入测角模式后，先按 切换 键进入第二功能选择模式，然后按 输出 键选择输出当前角度到串口或电子手簿（波特率设置为1 200），输出成功后仪器会显示"－－－－－－－"1秒，表示仪器已经将当前角度输出到了串口或电子手簿。

表 3-17 角度测量操作及显示

操作	显示
①按下 切换 键	2007-03-21 08:38 垂直 85°34′40″ 水平右 108°40′10″ 切换
②按下 复测 键,仪器置于复测模式 ③照准第一目标 A	2007-03-21 08:38 П-0 Г1 水平右 108°40′10″ 复测 切换
④按下 左/右 键,将第一目标读数置为 0°00′00″	2007-03-21 08:38 П-0 Г1 水平右 0°00′00″ 复测 切换
⑤用水平固定螺钉和微动螺旋照准第二目标 B	2007-03-21 08:38 П-0 Г1 水平右 10°00′00″ 复测 切换
⑥按下 锁定 键,将水平角保持并存入仪器中	2007-03-21 08:38 П-0 Г2 水平右 10°00′00″ 锁定 复测 切换
⑦用水平固定螺旋和微动螺旋再次照准目标 A	2007-03-21 08:38 П-0 Г2 水平右 10°00′00″ 锁定 复测 切换
⑧ 按下 左/右 键,将第一目标读数置为 0°00′00″	2007-03-21 08:38 П-1 Г1 水平右 0°00′00″ 复测 切换

操作	显示
⑨用水平固定螺旋和微动螺旋再次照准目标 B	
⑩按下 锁定 键,将水平角保持并存入仪器。这时显示出角度平均值。重复⑥至⑩的步骤,可进行所需要的复测次数的测量。测量完成后,按下键退出复测模式 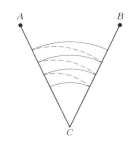	

注:1. 在复测模式时,复测次数应该限定在 8 次以内,超过 8 次,将自动退出复测模式。

2. 再次进行复测时,对准目标,从第③步开始。

3. 按下 切换 键,退出复测模式,返回测角模式。

11. 角度存储功能

开机进入测角模式后,先按 切换 键进入第二功能选择模式,然后按 存储 键选择存储角度,此时,当前角度将闪烁两次,表示将当前角度存入了内存中。如果想再次存储角度,调整好角度后,再次按 存储 键即可。

说明:本仪器目前只提供 256 组(512 个,一组角度包括一个垂直角和一个水平角)角度数据,当存储的角度组数超过 256 时,仪器将在界面中显示"FULL.",提示用户存储区已满。此时就应该由用户手动清除存储区才能重新存储,具体参看内存功能章节。

12. 望远镜视距丝测距

利用望远镜分划板上的视距丝(上下或左右视距丝)可以测量目标与仪器间的距离(见图 3-36),测量精度≤0.4% D。此种测距精度不是很高,不可用此法测高精度的距离。

(1)将仪器安置在 A 点,标尺竖立(平放)在目标 B 点。

(2)读出分划板在上下或左右两视距丝在标尺上的截距 d。

(3)A、B 两点之间的水平距离 $D = 100d$。

(六)错误代码信息表

当操作仪器不当或仪器内部电路出现故障时,显示屏上会显示错误信息,其内容和处

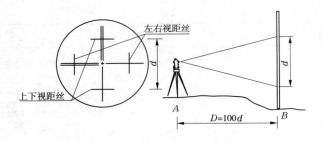

图 3-36　望远镜测距丝测距

理办法如表 3-18 所示。

表 3-18　错误代码及处理方法

错误代码	代码含义及处理方法
Err 04	竖直光电转换器(Ⅰ)出错。需送修理
Err 05	水平光电转换器(Ⅰ)出错。需送修理
Err 06	水平光电转换器(Ⅱ)出错。需送修理
Err 07	竖直光电转换器(Ⅱ)出错。需送修理
Err 08	竖盘测量出错。关机后重新置平仪器,开机后若仍出现"Err 08"则需送修理
Err 20	竖盘指标零点设置错误。按 锁定 、 置零 、 锁定 强制设置
Err 21	竖直角电子补偿器零点超差。关机后重新置平仪器,开机后若仍出现"Err 21",则需送修理

项目四　直线距离测量

【学习目标】

理解距离的概念,了解距离测量的仪器和工具,掌握钢尺普通量距的实施、精度评定方法;掌握直线定位、方位角的概念及方位角的计算;掌握视距测量的方法。

【学习任务】

钢尺一般量距的方法和视距测量的方法。

【基础知识】

欲确定地面上两点在平面上的相对位置,必须测定两点连线的方向。一条直线的方向,是用该直线与基本方向线之间所夹的水平角来表示的,那么确定一直线与基本方向线之间的关系(夹角)称为直线定向。

一、基本方向

(一)真子午线方向

通过地球表面上某点子午线的切线方向叫做该点的真子午线方向。真子午线北端所指的方向为正北方向,它可以用天文测量的方法来测定,在国家小比例尺测图中,将它作为定向的标准。

(二)磁子午线方向

地球表面上某点的磁针在地球磁场作用下自由静止时,其轴线所指的方向叫做该点的磁子午线方向。磁针北端所指的方向为磁北方向,它可用罗盘仪测定,在大比例尺测图中常用它作为定向的标准。

(三)坐标纵轴方向

通过地面上某点且平行于该点所在的平面直角坐标系的纵轴的方向,叫做该点的坐标纵轴方向。坐标纵轴北端所指的方向为坐标北方向。在高斯平面直角坐标系中,投影带内的坐标纵轴与中央子午线平行。这三种方向,简称三北方向(见图4-1(a))。通过地面上一点,有三条南北方向线都可以作为直线定向的基本方向。由于地球的南、北极与南、北磁极不在同一地点,又由于坐标纵轴只与高斯投影带内的中央子午线平行,因此通过地面上同一点的三北方向之间存在着不同的偏角:

(1)磁偏角。是磁子午线与真子午线之间的夹角,以 δ 表示。磁子午线偏于真子午线以东,称东偏,磁偏角为正;偏于真子午线以西,称西偏,磁偏角为负(见图4-1(b))。地面上各点的磁偏角是随地理位置不同而变化的。

(2)子午线收敛角。是地球表面上某点的真子午线与坐标纵轴之间的夹角,以 γ 表示。凡坐标纵轴北端在真子午线以东者,γ 取正值;以西者,γ 取负值(见图4-1(c))。

对地面上一条直线的定向,就是要测定该直线与任一基本方向线的夹角,这种夹角有两种表示方法,即方位角和象限角。

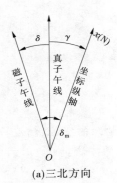

(a)三北方向

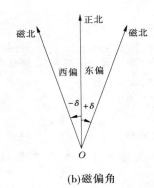

(b)磁偏角

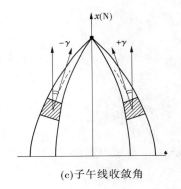

(c)子午线收敛角

图 4-1　标准方向之间的关系

二、方位角

(一)方位角定义

由标准方向的北端起,沿顺时针方向到某一直线的水平角,称为该直线的方位角,其角值为 $0° \sim 360°$。

根据基本方向的不同,方位角可分为以下三种:以真子午线方向为基本方向的,称为真方位角,用 A 表示;以磁子午线方向为基本方向的,称为磁方位角,用 A_m 表示;以坐标纵轴为基本方向的,称为坐标方位角,用 α 表示(见图4-2)。三种方位角之间的关系为

$$\left.\begin{array}{l} A = A_m + \delta \\ A = \alpha + \gamma \\ \alpha = A_m + \delta - \gamma \end{array}\right\} \tag{4-1}$$

(二)正反方位角

如图 4-3 所示,测量前进方向是从 A 到 B,α_{AB} 是直线 AB 起点的坐标方位角,称为正坐标方位角;α_{BA} 是直线 AB 终点的坐标方位角,称为反方位角。同一直线的正反方位角相差 $180°$,即

$$\alpha_{正} = \alpha_{反} \pm 180° \tag{4-2}$$

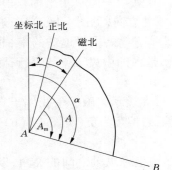

图 4-2　方位角间的关系

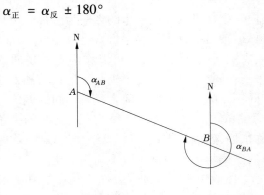

图 4-3　正、反方位角的关系

三、象限角

（一）象限角定义

由标准方向的北端或南端起，顺时针或逆时针方向到直线的锐角，称为该直线的象限角，通常用 R 表示，其角值为 $0° \sim 90°$。但是，仅用角值的大小还不能确切地表明该直线的方向，而必须冠以直线所在的象限名称（见图4-4）。直线 OA、OB、OC、OD 的象限角分别为北东 $40°$（或 NE40°）、南东 $40°$（或 SE40°）、南西 $50°$（或 SW50°）、北西 $40°$（或 NW40°）。象限角和方位角一样，可分为真象限角、磁象限角和坐标象限角三种。

（二）象限角与方位角的换算

在不同象限内，象限角 R 与方位角 α 的换算关系见表4-1。

表4-1　象限角 R 与方位角 α 的换算关系

象限名称	Ⅰ	Ⅱ	Ⅲ	Ⅳ
R 与 α 的关系	$R = \alpha$	$R = 180° - \alpha$	$R = \alpha - 180°$	$R = 360° - \alpha$

四、罗盘仪测量

罗盘仪是观测直线磁方位角或磁象限角的一种仪器，由于它的结构简单、使用方便，在精度要求较低的园林测量中经常使用。

（一）罗盘仪的构造

罗盘仪主要由磁针、刻度盘、望远镜和水准器等部分组成（见图4-5）。

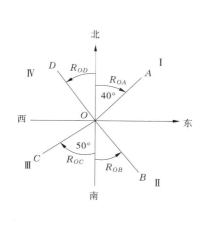

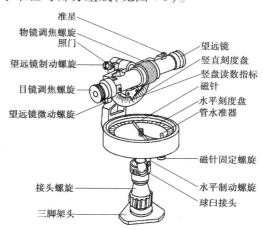

图4-4　象限角　　　　　　图4-5　罗盘仪的构造

（1）磁针。图4-6 为罗盘盒剖面图。磁针上的一个长条形的人造磁铁，置于圆形罗盘盒的中央顶针上，可以自由转动。盒下设有螺旋杠杆，在不使用时旋紧螺旋以抬起磁针，压紧在玻璃板上。为了抵消磁针两端所受地球磁极引力的不同，保持磁针两端的平衡，在磁针的南端绕有铜丝，这也是辨别磁针南北端的办法之一。

（2）刻度盘。如图4-7 所示，刻度盘为铜制或铝制的环形圆盘，装在罗盘盒的内缘上，其注记的形式有方位式与象限式。方位式刻度盘一般为逆时针方向注记全圆,即0°～360°,圆盘上刻有1°或30′的分划,每隔10°注记数字,可直接测定磁方位角,称为方位罗盘仪。象限式度盘由0°直径的两端起,分别对称地向左右两边各刻划注记到90°,可直接测定磁象限角,称为象限罗盘。

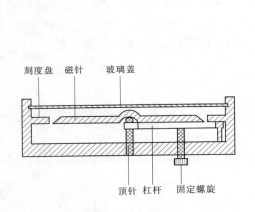

图 4-6　罗盘盒剖面图　　　　　　　　图 4-7　刻度盘

（3）望远镜。罗盘仪的望远镜由物镜、目镜和十字丝分划板三部分组成,它是罗盘仪的照准设备。在望远镜旁还装有能够测量倾斜角的竖直刻度盘,以及用做控制望远镜转动的制动螺旋和微动螺旋。而望远镜上的目镜调焦螺旋、对光螺旋的作用与经纬仪、水准仪的相同。

（4）水准器。在罗盘盒内装有一个圆水准器,或两个互相垂直的水准管,借助球臼使气泡居中。为了使用方便,罗盘仪还配有专用的三脚架,架头中心下端有个小钩可悬挂垂球,便于仪器对中。

（二）罗盘仪的使用

用罗盘仪测定地面上一直线的磁方位角,其操作步骤如下:

（1）安置仪器。在测线的起点一端作测站,安置仪器。

（2）对中。仪器架在测站上,移动三脚架,使仪器纵轴大致处于竖直状态,并将垂球尖端对准测站点,对中容许误差为 2 cm。

（3）整平。对中后,松开球臼,调整罗盘盒使水准器气泡居中,再拧紧球臼,这时刻度盘处于水平位置。仪器整平后,松开磁针的制动螺旋,让磁针自由转动。

（4）瞄准目标。照准测线另一端目标,先调节目镜,使十字丝清晰,再转动望远镜瞄准目标,同时调整对光螺旋使目标成像清晰,最后将十字丝交点精确对准目标。

（5）读数。待磁针自由静止后,北端所指的数值即为该直线的磁方位角。为了消除顶针偏离中心位置所造成的偏心误差,还要读出磁针南端所指的数值,取两端读数的平均值作为观测值。

操作仪器时,注意不要使铁器接近仪器,安置仪器的地点不应在高压线、铁轨、地下管道附近,以免影响磁针的指向;读数时眼睛应正对磁针,不能斜视,以免造成读数错误;搬动仪器时,一定要先固定磁针,以免顶针受损。

任务一　钢尺一般量距

一、任务内容

(一)学习目的
掌握钢尺一般量距的操作方法。

(二)仪器设备
每组 J_2 级光学经纬仪 1 台、测钎 4 个、50 m 钢尺 1 把、记录板 1 个。

(三)学习任务
每组在平坦的地面上,完成一段长 110~130 m 的直线的往返丈量任务,并用经纬仪进行直线定线。

(四)要点及流程

1. 要点

(1)用经纬仪进行直线定线时,有的仪器是成倒像的,有的仪器是成正像的;

(2)丈量时,前尺手与后尺手要动作一致,可用口令来协调。

2. 流程

如图 4-8 所示,在 A 点架设仪器—瞄准 B 点—在 A、B 点之间用测钎定 1、2 点—丈量各段距离。

图 4-8　钢尺一般量距

(五)记录

往测时,用钢尺量得: $A1 = $ _____ , $12 = $ _____ ,
$2B = $ _____ ,故有 $AB = $ _____ 。

返测时,用钢尺量得: $B2 = $ _____ , $21 = $ _____ ,
$1A = $ _____ ,故有 $BA = $ _____ 。

则此次丈量的相对精度(往返较差率) $K = $ _____ 。

直线 $AB = $ _____ 。

二、学习资料

(一)距离丈量

水平距离是确定点位的三要素之一,因此距离丈量也是测量工作的基本内容之一,可分为直接丈量、视距测量和电磁波测距三种。

1. 距离丈量的工具

(1)钢尺。钢尺是用薄钢带制成的(见图 4-9),长度有 20 m、30 m 及 50 m 等。钢尺的分划有三种:第一种基本分划为 cm;第二种基本分划为 cm,并在 10 cm 有 mm 分划;第三种基本分划为 mm。根据钢尺零分划位置的不同，分为端点尺和刻线尺（见图 4-10），它一般适用于精度要求较高的丈量工作。

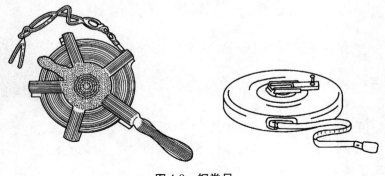

图 4-9　钢卷尺

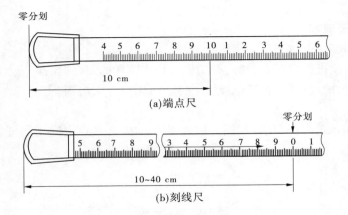

图 4-10　钢尺的零分划位置

（2）皮尺。皮尺是用麻线与金属丝合织而成的带状尺，尺长有 20 m、30 m 和 50 m等。皮尺一般为端点尺，即尺长从始端拉环的外侧算起，尺面最小分划为 cm，每 10 cm 一注记。皮尺的耐拉强度较低，容易被拉长，故适用于精度要求较低的丈量工作。

（3）玻璃纤维卷尺。高精度玻璃纤维卷尺是用玻璃纤维束和聚氯乙烯树脂等新材料采用新工艺制造的新产品。该尺长有 30 m 和 50 m 两种。该尺量距精度略高于钢尺，且从劳动强度、工作效率、价格、使用寿命等方面来看也明显优于钢尺。

（4）测绳。测绳是由细麻绳和金属丝制成的线状绳尺，长度为 100 m，每 1 m 有铜箍，并刻有注记。测绳只适用于低精度的丈量。

2. 量距的辅助工具

（1）标杆。标杆是用木材或铝合金制成的（见图 4-11（a）），长 2 m 或 3 m，用红白油漆交替漆成 20 cm 的小段，标杆的底部装有铁尖以便插入地中，或对准点的中心，作为观测觇标用。

（2）测钎。测钎是用钢丝制成的，长约 30 cm，如图 4-11（b）所示。用以标定尺段位置和统计所量整尺段的数目。

（3）垂球。垂球多用钢制成（见图4-11（c））。当地面坡度较大时，用以垂直投点来标定测尺的端点位置。

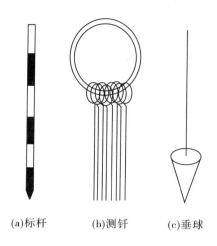

(a)标杆　　　(b)测钎　　　(c)垂球

图4-11　量距的辅助工具

（二）直线定线

当地面两点之间距离较长或地面起伏较大，需要分段进行测量时，为了使测量线段在一条直线上，需要在待测两点的直线上标定若干点，以便分段丈量，此项工作称为直线定线。一般情况下可用标杆目估定线，精度要求较高时应使用经纬仪等定线。

1.目估定线

常用的目估定线方法有三种。

（1）两点间定线（见图4-12）。欲量 A、B 两点间的距离，一个作业员甲站于端点 A 后 $1\sim2$ m 处，用眼自 A 点标杆的一侧瞄 B 点标杆的同一侧形成视线，并指挥持杆的作业员乙移动标杆。当乙持的标杆正好挡住 B 点的标杆时，说明乙持的标杆与 A、B 两点在同一直线上，此时让标杆垂直落下，定出 b 点。

图4-12　两点间定线

（2）过山头定线。当 A、B 两点不通视时（见图4-13），先在 A、B 两点立标杆，甲立在山头的一侧 C_1 处，要能看到 A、B 点的标杆，然后指挥乙在 C_1B 方向线上的 D_1 点立标杆（D_1 点与 A 点应通视），使 C_1、D_1、B 三点在一条直线上。乙再指挥甲在 D_1A 连线上的 C_2 点立杆（C_2 点与 B 点应通视），如此相互指挥移动直至 A、B、C、D 四点均在一条直线上。此法也可用于两点通视但点位不能到达的情况。

（3）过山谷定线（见图4-14）。直线两端点 A、B 通视，但有山谷相隔。定线时，甲、乙二人分别将标杆立在端点处，由甲指挥丙在 AB 连线上的 1 点立杆，然后由乙指挥丙在

B—1 连线上的 2 点立杆,接着由乙继续指挥丙在 B—2 延长线上的 3 点立杆,最后在 1、3 两点的延长线上的 4 点立杆。此法应根据山谷的地形情况灵活运用。

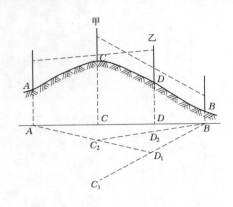

图 4-13 过山头定线

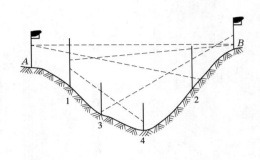

图 4-14 过山谷定线

2. 经纬仪定线

经纬仪定线适用于钢尺量距的精密方法。设 A、B 两点互相通视(见图 4-15),作业员将经纬仪安置在 A 点,用望远镜竖丝瞄准 B 点,制动照准部,望远镜上下转动,并指挥在两点间某一点上的助手左右移动标杆,直至标杆像被竖丝平分。为减小照准误差,精密定线时,可以用直径更细的测钎或垂球线代替标杆。

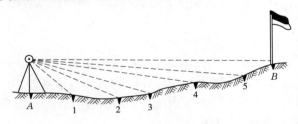

图 4-15 经纬仪定线

(三)一般量距方法

1. 平坦地面量距方法

如图 4-16 所示,首先在 A、B 两端点立杆,后尺员持一测钎和尺的零端立于 A 点,前尺员持 5 支或 10 支测钎和尺的终端,沿直线方向前进,在后尺员的指挥下定线,然后,前尺员把尺铺在直线方向上,两人同时把尺拉直、拉紧、抬平,当后尺员把尺的零点对准 A 点时,前尺员在尺的终端刻线处竖直插一测钎,得 1 点,这样便量完一个整尺段的距离(见图 4-16)。后尺员拿起原有的一支测钎同前尺员一起把尺抬起共同前进,当后尺员到达 1 点处停住,前尺员手沿该测钎到 2 点方向,重复上述操作,量完第二尺段。量毕,后尺员再拔起 1 点的测钎,依次前进,直至终点 B 点。最后一段的距离不会刚好是一整尺段的长度,称为余长。丈量余长时,前尺员将尺的某一整分划对准 B 点,由后尺员利用尺的前端部位读出 mm 数,两人的读数差即为不足一整尺的余长。地面上两点间的水平距离的计算式为

$$D = nl + q \qquad (4-3)$$

式中　D——两点间的水平距离；

　　　l——整尺段长度；

　　　n——测钎数，即整尺段数；

　　　q——不足一整尺段的余长。

图 4-16　平坦地面量距方法

2.倾斜地面量距方法

（1）平量法。当地面坡度不大时，一般把尺抬平进行丈量（见图 4-17），在直线的两端点立杆，甲把尺的零端对准地面上的 A 点，乙在 AB 直线方向上把尺抬平，用垂球将尺的端点投影到地面上，并插测钎，分段量取水平距离，最后计算总长。此法丈量时自上坡向下坡丈量为好。

（2）斜量法。当地面坡度较大且较均匀时（见图 4-18），可沿地面直接量出倾斜距离 L，再用罗盘仪或经纬仪测出 AB 的倾斜角 α，然后计算水平距离 D，即

$$D = L\cos\alpha \qquad (4-4)$$

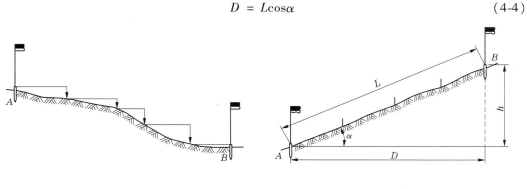

图 4-17　平量法　　　　　　　图 4-18　斜量法

为了提高量距精度，一般采用往、返丈量。往、返丈量的通常做法是用同一钢尺往、返丈量一次或同向丈量两次。当达到精度要求时，取往、返测量距离的平均数作为丈量结果。量距的精度用相对误差 K 表示。相对误差为往、返测距离差数的绝对值与它们的平均值之比，并化为分子为 1 的分数，K 值越小，说明量距的精度越高。

$$K = \frac{|D_{往} - D_{返}|}{\frac{1}{2}(D_{往} + D_{返})} = \frac{1}{N} \qquad (4-5)$$

在平坦地区，钢尺量距的相对误差 K 值一般应不大于 1/3 000；在量距困难地区，钢尺量距的相对误差也应不大于 1/1 000。若超出以上范围，应重新进行丈量。

（四）精密量距方法

采用一般方法量距的精度只能达到 1/1 000 ~ 1/5 000,当精度要求达到 1/10 000 ~ 1/40 000 时,就应采用精密的方法进行丈量。

1. 钢尺的检定

钢尺尺面上注记长度称为名义长度,由于材料质量、制造误差和使用中变形等因素的影响,钢尺的实际长度与名义长度不相等。为了保证量距成果的质量,钢尺应由专业部门定期进行检定,求出钢尺在标准拉力和标准温度下的实际长度,以便对量距结果进行改正。在标准拉力的条件下,描述钢尺实际长度随温度变化的函数关系,称为钢尺的尺长方程式,其一般形式为

$$\lambda = \lambda_0 + \Delta\lambda + \alpha(t - t_0)\lambda_0 \qquad (4\text{-}6)$$

式中　λ——温度在 t ℃时的实际长度;

　　　λ_0——钢尺的名义长度;

　　　$\Delta\lambda$——钢尺的尺长改正值,即钢尺在温度 t_0 时的实际长度与名义长度之差;

　　　α——钢尺的线膨胀系数,其值一般为 $1.15 \times 10^{-5} \sim -1.25 \times 10^{-5}$ m/℃;

　　　t——钢尺使用时的温度;

　　　t_0——钢尺检定时的温度。

2. 精密量距的方法

（1）定线。在精密量距前要清理现场、打通视线,并采用经纬仪定线。

（2）量距。丈量相邻桩顶间的倾斜距离。量距一般由 5 人完成,两人司尺,两人读数,一人记录并观测温度。量距时,前、后司尺员将检定的钢尺平顺地放置于相邻两木桩的顶面,后司尺员将弹簧秤钩于钢尺起点的手环上,前、后司尺员同时用力拉尺,待拉力达到标准值(30 m 钢尺,标准拉力为 100 N)时,前、后读尺员应同时在钢尺上读数并记录(精确到 0.5 mm),前后读数之差即为该尺段的长度。每尺段要连续丈量 3 次,每次移动钢尺 2 ~ 3 cm,当 3 次丈量的结果之差不超过 2 mm 时,取其平均值作为本尺段的观测结果,否则要重新丈量。由 A 到 B 依次丈量完各尺段作为往测,然后进行返测。每尺段丈量时应记录一次温度,并估读到 0.5 ℃。

（3）测高差。为了将测得的倾斜距离换算为水平距离,用水准仪往返观测相邻桩顶间的高差,往返高差一般不得超过 10 mm,在限差范围内,取平均值作为最后的成果。

（4）计算尺段长度。精密量距应对每一尺段的丈量结果进行尺长改正、温度改正和倾斜改正,然后将各段改正后的长度相加即为所测线段的水平距离。

①尺长改正。钢尺在标准拉力、标准温度时检定的实际长度 λ 与名义长度 λ_0 的差值即为尺长改正数 $\Delta\lambda$,则任一尺段长度 D' 的尺长改正值 ΔD_λ 为

$$\Delta D_\lambda = \frac{\lambda - \lambda_0}{\lambda_0}D' = \frac{\Delta\lambda}{\lambda_0}D' \qquad (4\text{-}7)$$

②温度改正。设钢尺检定时的温度为 t_0,量距时的温度为 t,钢尺的线膨胀系数为 α,则任一尺段长度 D' 的温度改正 ΔD_t 为

$$\Delta D_t = \alpha(t - t_0)D' \qquad (4\text{-}8)$$

③倾斜改正。将沿地面量得的斜距 D' 换算成水平距离 D,尺段两端间的高差通过水

准仪测出为 h，则倾斜改正值 ΔD_h 为

$$\Delta D_h = D - D' = \sqrt{D'^2 - h^2}$$

将上式展开

$$\Delta D_h = -\frac{h^2}{2D'} - \frac{h^4}{8D'^3} - \cdots$$

当高差不大时，上式可只取第一项，即

$$\Delta D_h = -\frac{h^2}{2D'} \tag{4-9}$$

综上所述，每一尺段改正后的水平距离 D 为

$$D = D' + \Delta D_\lambda + \Delta D_t + \Delta D_h \tag{4-10}$$

（五）钢尺量距的注意事项

为了保证量距成果达到预期的精度要求，距离丈量时应注意以下事项：

（1）钢尺应送检定机构进行检定，以便进行尺长改正和温度改正。

（2）钢尺使用前，应认真查看其零点的位置和分划注记情况。

（3）丈量时，直线定线准，拉力要均匀，要将钢尺拉平、拉直、拉稳。

（4）测钎要插垂直、准确；钢尺整段悬空时，中间应将其托住，以减少垂曲误差。

（5）读数应准确无误，记录应工整清晰，记录者应回报所记数据，以便当地校对。

（6）爱护钢尺，避免人踩、车压；量距时，钢尺不得擦地拖行；出现环结时，应先解开理顺后再拉，否则会折断钢尺；使用完毕后，应将钢尺擦净并上油保存，以防生锈。

任务二　视距测量

一、任务内容

（一）学习目的

掌握视距测量的操作方法和应用视距测量计算两点间高差的方法。

（二）仪器设备

每组光学经纬仪 1 台、水准尺 1 把、记录板 1 个。

（三）学习任务

每组使用经纬仪测量指定地形或建筑的高度。

（四）要点及流程

1. 要点

（1）竖直角观测时，注意经纬仪竖盘读数与竖直角的区别。

（2）测量竖直角时要瞄准水准尺上的同一点。

（3）读取水准尺的读数时要分别读取中丝、上丝、下丝的读数。

2. 流程

如图 4-19 所示，在 A 点架仪—瞄准 B 点的水准尺上任意位置—测量竖直角—读取中丝、上丝、下丝的读数—计算地形或建筑的高度。

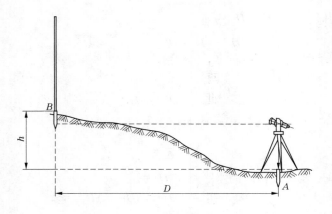

图 4-19 视距测量示意图

(五)记录

(1)竖直角观测手簿见表 4-2。

表 4-2 竖直角观测手簿

测站	目标	竖盘位置	竖盘读数	半测回竖直角	竖盘指标差	一测回竖直角	备注

(2)视线测距观测手簿见表 4-3。

表 4-3 视线测距观测手簿

测站	目标	十字丝读数	上丝读数	下丝读数	上下丝间的距离 L	测站至目标的水平距离 D

(3)地形或建筑高度的计算。

二、学习资料

视距测量是根据几何光学原理,利用望远镜中十字丝分划板上的两条视距丝在标尺上截取的长度和倾斜角,间接测定两点间的水平距离和高差的一种方法。视距测量的精度一般只有 1/200～1/300,但由于此法不受地形起伏的限制,操作简便迅速,因此被广泛应用于地形测量中。

(一)视距测量的原理及公式

1. 视线水平时的测距原理

如图 4-20 所示,在 A 点安置仪器并使视线水平,在 B 点竖立标尺(标尺可用水准尺、塔尺等)。当视线与标尺垂直时,根据光学原理,通过上、下视距丝 m、n 平行于物镜光轴的光线,经折射通过物镜前焦点 F,而与标尺相交于 M、N 点,因 △MFN 与 △m′Fn′ 相似,则

$$\frac{d}{l} = \frac{f}{p}$$

式中　d——物镜前焦点 F 到标尺间的水平距离;

　　　f——物镜的焦距;

　　　p——上下两视距丝的间距;

　　　l——尺间隔,即上下丝在标尺上的读数差。

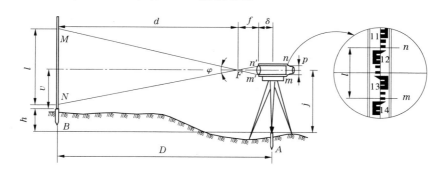

图 4-20　视线水平时的测距原理

从图 4-20 中可知,仪器中心到标尺的水平距离 D 可由下式计算,即

$$D = d + f + \delta = \frac{f}{p}l + f + \delta$$

式中,f/p 是个常数,称为视距常数,用 K 表示,通常为 100。$f + \delta$ 值虽因物镜对光而使物镜至仪器中心的距离 δ 值有变化,但其变化不大,也可看成常数,称为视距加常数,用 C 表示,一般 C 值不大于 0.3 m。则上式可写为

$$D = Kl + C \tag{4-11}$$

式(4-11)是外对光望远镜当视线与标尺垂直时的求距公式。对于内对光望远镜,在设计时可使视距加常数 C 接近于零而忽略不计,因此对于内对光望远镜求距公式为

$$D = Kl \tag{4-12}$$

从图 4-20 中可知，A、B 两点间的高差为

$$h = i - v$$

式中　i——仪器高，是标志中心到仪器横轴中心的距离；

　　　v——十字丝中丝在标尺上的读数。

2. 视线倾斜时的测距原理

实际测量时，由于地面坡度较大或地面虽平坦但有障碍物，视线必然为倾斜状态而不与标尺垂直，如图 4-21 所示。这时除观测尺间隔 l 外还应测定竖直角 α。推导水平距离 D 的公式时，先把尺间隔 MN 换算成相当于视线和视距尺垂直时的尺间隔 $M'N'$，然后计算斜距，再利用斜距和竖直角计算水平距离。

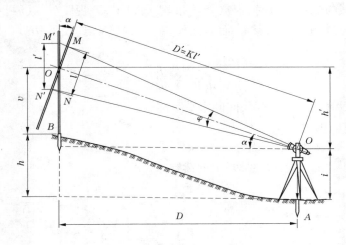

图 4-21　视线倾斜时的测距原理

设想通过尺子 O 点有一根倾斜的尺子与倾斜的视线垂直，两视距丝在该尺子上截于 M、N 点，这样，斜距 D 为

$$D = Kl$$

式中　l——两视距丝在倾斜尺子上的尺间隔。

实际观测的视距间隔是竖立的尺间隔 l'，而非 l，因此解决问题的关键在于找出 l' 和 l 之间的关系，即

$$M'O = MO\cos\alpha, \quad N'O = NO\cos\alpha$$
$$M'N' = M'O + N'O = MO\cos\alpha + NO\cos\alpha$$
$$= (MO + NO)\cos\alpha = MN\cos\alpha$$

而 $MN = l$，$M'N' = l'$，故 $l' = l\cos\alpha$，则

$$D' = Kl' = Kl\cos\alpha$$

而 　　　　　　　$$D = D'\cos\alpha = Kl\cos^2\alpha \tag{4-13}$$

由图 4-21 可知，A、B 两点的高差为

$$h = h' + i - v$$

因斜距

$$D = Kl\cos^2\alpha$$

所以

$$h' = D'\sin\alpha = Kl\cos\alpha\sin\alpha = \frac{1}{2}Kl\sin2\alpha$$

则

$$h = \frac{1}{2}Kl\sin2\alpha + i - v \tag{4-14}$$

（二）视距测量的方法

1. 观测方法步骤

如图4-21所示，欲测定 A、B 两点间的水平距离 D 和高差 h，观测步骤如下：

（1）在测站点 A 安置经纬仪，对中、整平，量取仪器高，在 B 点竖立标尺。

（2）盘左位置，瞄准标尺，消除视差后，使十字丝的横丝对准仪器高 i，固定望远镜，用上、下丝分别读取标尺上的读数，估读到 mm。也可采用上丝任意对准标尺某整分米分划，读取下丝读数后再读上、中丝读数，这样可以避免上、下丝读数时要两次估读 mm 数，从而提高读数的精度。

（3）转动竖盘水准管的微动螺旋，使竖盘水准管气泡居中，读取竖盘读数。

2. 计算水平距和高差的方法

利用计算器编写简短程序的功能，将视距测量计算公式预先编制程序，计算时输入已知数据及观测值，即可得到测站至测点的水平距离、高差和测点的高程。也可用带有函数运算功能的普通计算器，进行视距测量的计算。

（三）视距常数的测定

视距常数包括乘常数 K 和加常数 C，这在仪器说明书中都有说明。由于仪器长期使用，常数可能发生变化，故在进行视距测量前必须加以测定。由于目前大多数仪器的望远镜都是内对光望远镜，加常数 C 都接近于零，无需测定。为了保证视距测量的精度，应对乘常数 K 进行测定，测定方法如下：

在平坦坚实的地面上选取一段足够长的直线（见图4-22），安置仪器后，用垂球将仪器中心投影到地面得 A 点，并打以木桩，然后从 A 点起沿直线方向用钢尺量取 C 值（内对

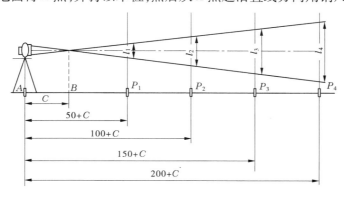

图 4-22　测定视距常数

光望远镜 $C = 0$)得 B 点,再由 B 点起准确量出 50 m、100 m、150 m 和 200 m 得 P_1、P_2、P_3 和 P_4 点,并做上标志。将望远镜放平依次瞄准各点的视距尺,读出各点尺上的尺间隔分别为 l_1、l_2、l_3 和 l_4,则乘常数 $K = D/l$,取其平均值作为所求的 K 值,即

$$K = \frac{1}{4}(K_1 + K_2 + K_3 + K_4)$$

按下式计算 K 值的精度,即

$$精度 = \frac{K - 100}{100} = \frac{1}{M}$$

一般要求精度达到 1/1 000,如测出的 K 值不符合要求,应按实际的 K 值进行水平距离和高差的计算。

项目五　小地区控制测量

【学习目标】

了解控制测量的基本概念和作用;掌握导线的概念和布设形式;掌握导线测量外业操作(踏勘选点、测角、量边)和内业计算方法(闭合导线坐标计算);理解高程控制测量概念,掌握四等水准测量和三角高程测量的方法。

【学习任务】

闭合导线外业测量、闭合导线内业计算、四等水准测量、三角高程测量。

【基础知识】

按照测量工作必须遵循"从整体到局部,先控制后碎部"的原则,在地形图测绘和施工放样之前,应首先在测区内建立测图控制网和施工控制网,最后根据控制网进行地形测图和施工放样。在测区内选定若干个起控制作用的点而构成一定的几何图形,称为控制网,控制网有平面控制网和高程控制网两种。

一、平面控制测量简介

平面控制测量按照控制范围的大小可分为国家平面控制网和图根控制测量。

(一)国家平面控制网

国家平面控制是本着由高级到低级逐级控制,分级布设的原则。以三角测量作为基本方法,在全国范围内布设一系列的三角网,三角网中每个三角形的顶点称为三角点。我国三角网按精度可分为一、二、三、四等四个等级,其中一等精度最高,依次逐级控制,即低一级点受高一级点的控制。一等三角锁系国家平面控制的骨干,它一般沿着经纬线方向布设,如图5-1所示;二等三角锁布于一等三角锁环内,它与一等三角锁作为国家平面控制的基础;三、四等三角点是以插点插网形成布设,在地形测量和工程测量中作为进一步加密控制点的依据。最低级四等三角点其间距仍有 2～6 km,这显然不能满足测图的需要。因此,还必须在国家控制网的基础上,进一步加密控制点,作为地形测量和工程测量的依据。

随着技术的进步,新的测量方法不断地得到应用,三角测量这一传统的技术逐渐被卫星定位技术所取代。1992 年国家测绘局制定了我国第一部《全球定位系统(GPS)测量规范》(CH 2001—1992),将 GPS 控制网分为 A～E 五级(见表5-1),其中 A、B 两级属于国家 GPS 控制网,已覆盖全国的 A 级网点有 27 个,平均边长 500 km,B 级网点 730 个,其边长和精度都超过相应等级的三角网。

(二)图根控制测量

国家控制点的精度较高,而密度较小,不能满足地形测量和工程测量的需要,因此必须在国家控制网的基础上,进一步加密控制点,这些点称为图根控制点,简称图根点。测定图根点位置的工作称为图根控制测量。

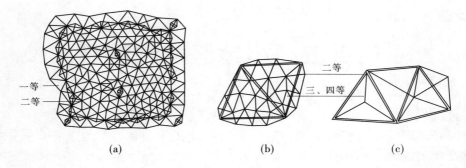

图 5-1　国家控制网

表 5-1　五级 GPS 控制网

项目	A	B	C	D	E
固定系数 a(mm)	≤5	≤8	≤10	≤10	≤10
比例误差系数 $b(1 \times 10^{-6})$	≤0.1	≤1	≤5	≤10	≤20
相邻点最小距离(km)	100	15	5	2	1
相邻点最大距离(km)	2 000	250	40	15	10
相邻点平均距离(km)	300	70	10 ~ 15	5 ~ 10	2 ~ 5

　　图根平面控制测量就是测定图根点的平面位置及其高程的工作,可采用导线测量、小三角测量和测角交会等方式进行。导线测量是图根平面控制测量中常用的基本方法,当图根点密度不够而需要加密点数也不多时,则可采用测角交会加密。

二、高程控制测量

(一)国家高程控制网

　　国家高程控制网是根据从整体到局部逐级控制的原则布设的,建立方法主要是采用水准测量方法。国家高程控制网分为一、二、三、四等四个等级,控制点密度逐级加大,而精度要求是由高到低,低一级点受高一级点的控制(见表 5-2)。

　　一等水准网是国家高程控制网的骨干,它除作为扩展低等级的控制基础外,还为科学研究提供依据;二等水准网是国家高程控制的基础,它布设在一等水准环内;三等水准路线可根据需要在二等水准网内加密,采用附合水准路线布设,并尽可能构成闭合环;四等水准测量路线一般以附合水准路线布设于高一级水准点之间。三、四等水准网直接为地形测量和工程测量提供必需的高程控制点。

(二)图根高程控制测量

　　图根高程控制测量就是测定图根点平面位置的工作。图根高程控制测量可采用水准高程测量和三角高程测量的方法进行。

表 5-2 水准测量的主要技术指标

等级	每千米高差中数中误差（mm）	附合导线长度（km）	测段往、返测高差不符值（mm）	附合路线或环线闭合差（mm）	
				平原丘陵	山区
二等	$\leq \pm 2$	400	$\leq \pm 4\sqrt{L}$	$\leq \pm 4\sqrt{L}$	
三等	$\leq \pm 6$	45	$\leq \pm 12\sqrt{L}$	$\leq \pm 12\sqrt{L}$	$\leq \pm 15\sqrt{L}$
四等	$\leq \pm 10$	15	$\leq \pm 20\sqrt{L}$	$\leq \pm 20\sqrt{L}$	$\leq \pm 25\sqrt{L}$
图根		8		$\leq \pm 40\sqrt{L}$	

注：1. L 为水准路线长，山区是指最大高差超过 400 m 的地区。

2. 水准环线由不同等级水准路线构成时，闭合差的限差应按各等级路线长度分别计算，然后取其平方和的平方根为限差。

任务一　闭合导线外业测量

一、任务内容

（一）学习目的

（1）掌握闭合导线的布设方法。

（2）掌握闭合导线的外业观测方法。

（二）仪器设备

每组 J_2 级光学经纬仪 1 台、测钎 2 个、钢尺 1 把、记录板 1 个。

（三）学习任务

每组完成 1 个闭合导线的水平角观测、导线边长丈量的任务。

（四）要点及流程

1. 要点

（1）闭合导线的折角，观测闭合图形的内角。

（2）瞄准目标时，应尽量瞄准测钎的底部。

（3）量边要量水平距离。

2. 流程

如图 5-2 所示，测 A 角—测 B 角—测 C 角—测 D 角；量边 AB—量边 BC—量边 CD—量边 DA。

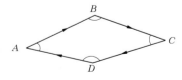

图 5-2　闭合导线外业测量

(五)记录

导线测量外业记录表如表 5-3 所示。

表 5-3　导线测量外业记录表

日期:＿＿＿＿＿＿　　天气:＿＿＿＿＿＿　　仪器型号:＿＿＿＿＿＿　　组号:＿＿＿＿＿＿

观测者:＿＿＿＿＿＿　　记录者:＿＿＿＿＿＿　　参加者:＿＿＿＿＿＿

测点	盘位	目标	水平度盘读数 (° ′ ″)	水平角		示意图及边长
				半测回值 (° ′ ″)	一测回值 (° ′ ″)	
						边长名:＿＿＿＿＿＿ 第一次 = ＿＿＿＿＿ m 第二次 = ＿＿＿＿＿ m 平均 = ＿＿＿＿＿ m
						边长名:＿＿＿＿＿＿ 第一次 = ＿＿＿＿＿ m 第二次 = ＿＿＿＿＿ m 平均 = ＿＿＿＿＿ m
						边长名:＿＿＿＿＿＿ 第一次 = ＿＿＿＿＿ m 第二次 = ＿＿＿＿＿ m 平均 = ＿＿＿＿＿ m
						边长名:＿＿＿＿＿＿ 第一次 = ＿＿＿＿＿ m 第二次 = ＿＿＿＿＿ m 平均 = ＿＿＿＿＿ m
校核		内角和闭合差 f =				

二、学习内容

在测区内将相邻控制点布设成连续的折线称为导线。构成导线的控制点称为导线点。导线测量就是依次测定各导线边的边长和各转折角,根据起算数据推算各边的坐标方位角,从而求出各导线点的坐标。

用经纬仪测量导线的转折角,用钢尺丈量导线边长的导线,称为经纬仪导线。在小地区施测大比例尺地形图时,平面控制测量常采用导线测量,特别是在建筑物密集的建筑区和平坦而通视条件较差的隐蔽区,布设导线最为适宜。

(一) 导线的布置形式

导线是以导线网的形式布设的,单导线是导线网的最简单形式,也是城市建设中最常用的方法之一。导线布设灵活,要求通视方向少,边长直接测定,精度均匀,尤其在平坦隐蔽地区和城市建筑密集区优越性突出。根据测区的不同情况和要求,通常布设的导线形式有以下三种。

1. 闭合导线

闭合导线是指从某点出发,经过若干待定导线点后仍回到该点的导线,一般用于块状的测区,它主要有三种形式:

(1)具有两个已知点的闭合导线(见图 5-3)。

(2)具有一个已知点的闭合导线(见图 5-4)。

(3)无已知点的闭合导线(见图 5-5)。

2. 附合导线

附合导线是指从一已知点出发,经过若干个待定点以后,附合到另一已知点的导线,一般适用于带状的测区,它主要有三种形式:

(1)具有两个连接角的附合导线(见图 5-6)。

(2)具有一个连接角的附合导线(见图 5-7)。

(3)无连接角的附合导线(见图 5-8)

3. 支导线

支导线是指从一已知点出发,既不附合到另一已知点,也不回到起始点的导线(见图 5-9)。支导线不具备检核条件,故支导线不宜超过 3 个点,仅适用于图根控制补点。图根导线测量的主要技术指标见表 5-4 和表 5-5。

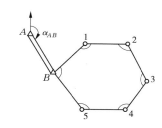

图 5-3　具有两个已知点的闭合导线

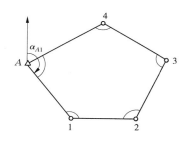

图 5-4　具有一个已知点的闭合导线

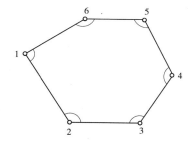

图 5-5　无已知点的闭合导线

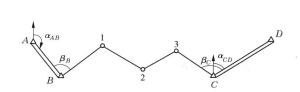

图 5-6　具有两个连接角的附合导线

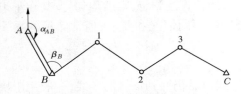

图 5-7　具有一个连接角的附合导线

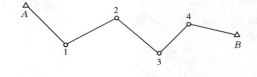

图 5-8　无连接角的附合导线

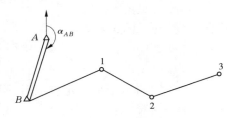

图 5-9　支导线

表 5-4　图根钢尺量距导线测量的技术要求

比例尺	附合导线长度（m）	平均全长相对闭合差	导线全长相对闭合差	测回数 DJ$_6$	方位角闭合差
1:500	500	1/75	1/2 000	1	$\pm 60'' \sqrt{n}$
1:1 000	1 000	1/120			
1:2 000	2 000	1/200			

表 5-5　图根电磁测距导线测量的技术要求

比例尺	附合导线长度(m)	平均边长（m）	导线相对闭合差	测回数 DJ$_6$	方位角闭合差	测距	
						仪器类型	方法与测回数
1:500	900	80	1/4 000	1	$\pm 40'' \sqrt{n}$	Ⅱ	单程观测 1
1:1 000	1 800	150					
1:2 000	3 000	250					

（二）导线测量的外业工作

导线测量的外业工作包括踏勘选点及建立标志、角度测量、距离测量、连接测量。

1. 踏勘选点及建立标志

当接到测量任务后,首先到有关部门收集有关资料,主要是测区内和测区附近已有的控制点和各种比例尺地形图,然后到实地踏勘测区的范围、地形条件和已有控制点的保存情况,再结合测图要求在原有地形图上确定导线形式和导线点的位置,最后到实地核对、修改后在地面上确定导线点的具体位置,即选点。如果测区没有现成的地形图,可以到实地详细踏勘,根据具体情况在地面上选定导线点的位置。选点时应注意以下几点:

（1）导线点应选在土质坚实的地方,以便保存点位,安置仪器。

（2）导线点应选在视野开阔处,以便控制和施测周围的地物和地貌。

（3）相邻导线点之间应互相通视,边长大致相等且不超过规范要求。

（4）导线点在测区内要均匀分布且数量要足够,以便控制整个测区。

导线点的位置选定后,要及时建立标志,在泥土地面的点位上要打木桩并在桩顶钉一铁钉,或用油漆直接在桩顶上进行标定。对于需要长期保存的导线点,应埋入混凝土桩或石桩,桩顶刻凿"十"字或铸入锯有"十"字的钢筋。在桩顶或侧面写上编号,为了便于寻找,应做好点之记(见图5-10)或在附近明显地物上用红油漆作标记。

2. 角度测量

角度测量即用测定导线两相邻边构成的转折角。转折角一般用 β 表示,分为左角和右角(见图5-11)。左角就是位于导线前进方向左侧的转折角,右角就是位于导线前进方向右侧的转折角,通常闭合导线测其内角,附合导线可测其左角也可测其右角(公路测量中一般测右角),但整条线路所测转折角要统一。

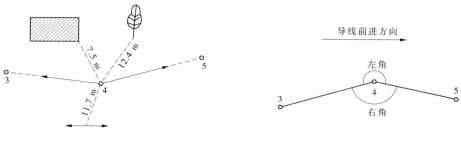

图 5-10　点之记　　　　　　图 5-11　导线左、右角表示

3. 距离测量

距离测量即用检定过的钢尺或电磁波测距仪测量导线边长(水平距离)。使用钢尺量距一般采用往、返丈量或单程丈量两次的方法,边长应作相应的改正(如量距时平均尺温与检定温差大于10 ℃时应加温度改正),测边的精度要求不得低于1/3 000。若达到精度要求取平均值作为最后结果。电磁波测距仪单程观测 2 ~ 4 次,对于精密导线,同一段距离采用往、返测。

4. 连接测量

导线与已知控制点之间往往需要测定连接边、连接角。导线连接角的测量称为导线定向,如果是独立导线,没有已知方位角,则要用罗盘仪观测起始边的磁方位角,以确定整个测区的方位。

任务二　闭合导线内业计算

一、任务内容

（一）学习目的

掌握闭合导线内业计算的方法。

（二）仪器设备

每组 J_2 级光学经纬仪 1 台、测钎 2 个、钢尺 1 把、记录板 1 个、计算器 1 个。

（三）学习任务

应用任务一的外业测量数据,如图 5-12 所示,已知 A 点坐标为(100,100)和坐标方位角为 90°00′00″,分别计算出 B、C、D 点的坐标。

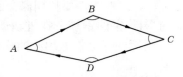

图 5-12　闭合导线外业测量数据

（四）要点及流程

1. 要点

(1)明确观测的转折角是左角还是右角,选择相应的公式计算坐标方位角。

(2)如果计算过程中发现角度闭合差或坐标增量闭合差超限,则要重复任务一的外业操作。

2. 流程

角度闭合差的计算与调整—坐标方位角的推算—坐标增量的计算—坐标增量闭合差的计算与调整—坐标计算。

（五）记录

闭合导线坐标计算表见表 5-6。

表 5-6　闭合导线坐标计算表

点号	观测值（右角）(° ′ ″)	改正值(″)	改正后的角值(° ′ ″)	坐标方位角(° ′ ″)	边长(m)	增量计算值		改正后增量		坐标	
						Δx(m)	Δy(m)	$\Delta x'$(m)	$\Delta y'$(m)	X(m)	Y(m)
A				90°00′00″						100.00	100.00
B											
C											
D											
A											
B											
Σ								0	0		
辅助计算											

二、学习内容

导线测量内业计算的目的是获得各导线点的坐标,同时可以检定外业测量成果的精度。内业计算前,要审核外业手簿记录有无遗漏、记错和算错。证实无误后,绘制导线略图,注记点号、角度、边长及其他有关数据,才能进行内业计算,计算通常在表格中进行。

(一)闭合导线的计算

1. 角度闭合差的计算与调整

闭合导线组成一个闭合多边形,从平面几何学可知,n 边形内角和应满足以下条件

$$\sum \beta_{\text{理}} = (n - 2) \times 180° \tag{5-1}$$

由于角度观测时不可避免有误差存在,实测的内角总和 $\sum \beta_{\text{测}}$ 将与理论的内角总和 $\sum \beta_{\text{理}}$ 不相等,其差值称为角度闭合差 f_β,则

$$f_\beta = \sum \beta_{\text{测}} - \sum \beta_{\text{理}} = \sum \beta_{\text{测}} - (n - 2) \times 180° \tag{5-2}$$

角度闭合差 f_β 的大小说明了测角精度。使用 DJ$_6$ 型光学经纬仪,图根导线的容许值 $f_{\beta 容}$ 为

$$f_{\beta 容} = \pm 40'' \sqrt{n}$$

式中 n——转折角(内角)的个数。

若 $|f_\beta| \leqslant |f_{\beta 容}|$,则角度闭合差是容许的,可进行调整,即将 f_β 以反号平均分配到每个观测角中。每个角的改正值用 v_β 表示,则

$$v_\beta = \frac{-f_\beta}{n} \tag{5-3}$$

若平均分配仍留有余数,可将余数凑整分在短边的夹角上。各观测角加上改正值即得改正后的转折角为

$$\beta' = \beta_{\text{测}} - \frac{f_\beta}{n} \tag{5-4}$$

改正后的角度总和应等于理论值,即

$$\sum \beta' = (n - 2) \times 180°$$

2. 坐标方位角的推算

根据导线已知边的坐标方位角及改正后的转折角,可推算各导线边的坐标方位角(见图 5-13),已知 1—2 边的坐标方位角 α_{12} 和各转折角右角 β_1、β_2、β_3、β_4、β_5。可计算各边的坐标方位角如下

$$\alpha_{23} = \alpha_{12} + 180° - \beta_2$$
$$\alpha_{34} = \alpha_{23} + 180° - \beta_3$$
$$\alpha_{45} = \alpha_{34} + 180° - \beta_4$$
$$\alpha_{51} = \alpha_{45} + 180° - \beta_5$$
$$\alpha_{12} = \alpha_{51} + 180° - \beta_{12}(校核)$$

由于转折角已调整闭合,推算所得的 α_{12} 应等于已知的 α_{12},作为校核。由上式可得出推算规律:

观测角为右角时

$$\alpha_{前} = \alpha_{后} + 180° - \beta_{右} \quad\quad (5\text{-}5)$$

若控制点按逆时针编号时所测内角为左角,此时坐标方位角的推算公式为

$$\alpha_{前} = \alpha_{后} - 180° + \beta_{左} \quad\quad (5\text{-}6)$$

式中 $\beta_{右}$、$\beta_{左}$——经过调整后的导线右角和左角。

用式(5-6)计算时应注意以下两种情况:当计算结果出现负值时,则加上 360°;当计算结果大于 360°时,则减去 360°。

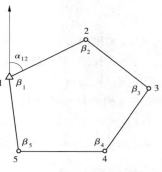

图 5-13　坐标方位角的推算

3. 坐标增量计算

如图 5-14 所示,设 A 为已知坐标点(x_A, y_A),推算 B 点坐标(x_B, y_B),已知坐标方位角 α 和边长 D 时,则纵坐标增量 Δx 和横坐标增量 Δy 可按下式计算

$$\Delta x = D\cos\alpha$$
$$\Delta y = D\sin\alpha \quad\quad (5\text{-}7)$$

因为坐标方位角是 0°~360°,所以坐标增量 Δx 和 Δy 随着所在象限的不同有正负号(见图 5-15)。算得坐标增量后,设 A 为已知坐标点(x_A, y_A),则可求得 B 点的坐标

$$\left.\begin{array}{l} x_B = x_A + \Delta x_{AB} \\ y_B = y_A + \Delta y_{AB} \end{array}\right\} \quad\quad (5\text{-}8)$$

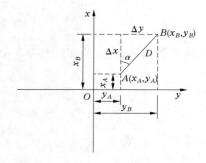

图 5-14　坐标增量计算　　　　　图 5-15　坐标增量与象限的关系

以上为根据已知边长、坐标方位角和已知点坐标计算出未知点坐标,称为坐标正算。如果由两个已知点的坐标反过来计算其坐标方位角和边长,这个过程称为坐标反算,即

$$\tan\alpha_{AB} = \frac{y_B - y_A}{x_B - x_A} \quad\quad (5\text{-}9)$$

$$D_{AB} = \frac{y_B - y_A}{\sin\alpha_{AB}} = \frac{x_B - x_A}{\cos\alpha_{AB}} \quad\quad (5\text{-}10)$$

或

$$D_{AB} = \sqrt{(x_B - x_A)^2 + (y_B - y_A)^2} \quad\quad (5\text{-}11)$$

4. 坐标增量闭合差的计算与调整

闭合导线的纵、横坐标增量的代数和理论上应等于零,即

$$\sum \Delta x_{理} = 0$$
$$\sum \Delta y_{理} = 0 \qquad (5\text{-}12)$$

由于量距有误差,测角虽经调整也未能完善,根据观测结果计算的 $\sum \Delta x$ 和 $\sum \Delta y$ 往往不等于零,而出现坐标增量闭合差 W_x 和 W_y,即

$$\begin{aligned} W_x &= \sum \Delta x_{测} \\ W_y &= \sum \Delta y_{测} \end{aligned} \qquad (5\text{-}13)$$

式中 W_x——纵坐标增量闭合差;

W_y——横坐标增量闭合差。

如图 5-16 所示,由于 W_x 和 W_y 的存在,P'点和 P 点不重合,而出现缺口 PP',称为导线全长闭合差,以 W_D 表示。由图 5-16 可得

$$W_D = \sqrt{W_x^2 + W_y^2} \qquad (5\text{-}14)$$

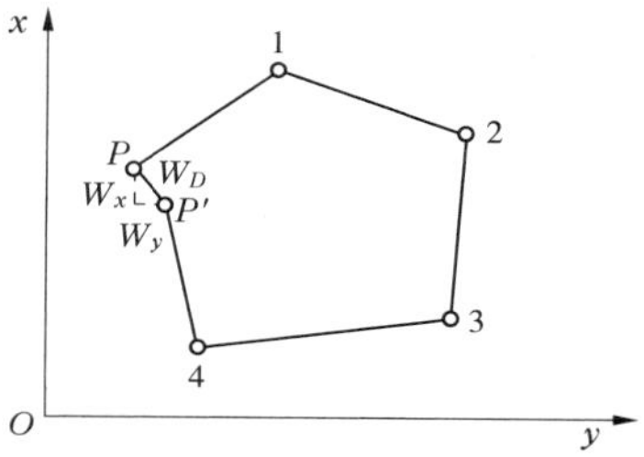

图 5-16 导线全长闭合差

将 W_D 除以导线全长,得导线全长相对闭合差,即

$$k = \frac{W_D}{\sum D}$$

在图根控制测量中导线全长相对闭合差不应大于 1/2 000,困难地区不应大于 1/1 000。

若相对闭合差达不到要求的精度,应检查手簿的记录和计算资料有无错误,必要时,边长需返工重测。如精度已满足要求,则将坐标增量闭合差 W_x 和 W_y,以反号按边长成正比例分配到各边的坐标增量中。设 V_x、V_y 为纵、横坐标增量的改正值,则

$$\left.\begin{aligned} V_{xi} &= -\frac{W_x}{\sum D} D_i \\ V_{yi} &= -\frac{W_y}{\sum D} D_i \end{aligned}\right\} \qquad (5\text{-}15)$$

各坐标增量改正值之和,应等于坐标增量闭合差,符号相反,即

$$\sum V_x = -W_x$$
$$\sum V_y = -W_y$$

5. 坐标计算

根据改正后的坐标增量,从导线起点已知坐标依次按式(5-8)计算各导线点的坐标,最后还应推算出起始点的坐标,其值应与原值相同,以资检核,即

$$x_{i+1} = x_i + \Delta x_{i,i+1}$$
$$y_{i+1} = y_i + \Delta y_{i,i+1}$$

【例 5-1】 闭合导线的算例见表 5-7。

表 5-7 闭合导线坐标计算表

点号	观测值(右角)(° ′ ″)	改正值(″)	改正后的角值(° ′ ″)	坐标方位角(° ′ ″)	边长(m)	Δx(m)	Δy(m)	Δx′(m)	Δy′(m)	X(m)	Y(m)
1	63 23 24	-4	63 23 20							1 000.00	2 000.00
				296 46 10	104.61	+2 49.83	-2 -98.78	49.85	-98.80		
2	172 54 36	-5	172 54 31							1 049.85	1 901.20
				303 51 39	97.72	+2 54.45	-1 -81.14	54.47	-81.15		
3	46 14 54	-5	46 14 49							1 104.32	1 820.05
				77 36 50	89.07	+2 19.10	-1 87.00	19.12	86.99		
4	143 46 36	-5	143 46 31							1 123.44	1 907.04
				113 50 19	101.90	+2 -41.18	-1 93.21	-41.16	93.20		
5	113 40 54	-5	113 40 49							1 082.28	2 000.24
				180 09 30	82.29	+1 -82.29	-1 -0.23	-82.28	-0.24		
1	63 23 24	-4	63 23 20							1 000.00	2 000.00
2				296 46 10							
Σ	540 00 24	-24	540 00 00		481.62	-0.09	+0.06	0	0		

辅助计算

$f_\beta = 540°00'24'' - 540° = \pm24''$ $\qquad W_D = \sqrt{W_x^2 + W_y^2} = \sqrt{0.09^2 + 0.06^2} = 0.108(\text{m})$

$f_容 = \pm40''\sqrt{5} = \pm89''$ $\qquad f_\beta < f_容$ $\qquad K = \dfrac{W_D}{\sum D} = \dfrac{0.108}{481.62} = \dfrac{1}{4\,460} < \dfrac{1}{2\,000}$

（二）附合导线的计算

附合导线的计算基本上与闭合导线的相同，只在角度闭合差和坐标增量闭合差的计算上有所区别。

1. 角度闭合差的计算与调整

如图 5-17 所示，A、B、M 和 N 为高级控制点，附合导线的两端是连接在 A 和 M 上的坐标方位角 α_{AB} 和 α_{MN} 是已知的，按式（5-5）可推算出 α'_{MN}，即

$$\alpha_{B1} = \alpha_{AB} + 180° - \beta_B$$
$$\alpha_{12} = \alpha_{B1} + 180° - \beta_1$$
$$\vdots$$
$$\alpha'_{MN} = \alpha_{3M} + 180° - \beta_M$$

则

$$\alpha'_{MN} = \alpha_{AB} + 180° - \sum \beta_右 \tag{5-16}$$

式中　　n——角数；

　　　　$\sum \beta_右$——观测角之和。

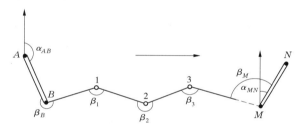

图 5-17　附合导线计算

由于测角误差的存在，推算出的 α'_{MN} 和已知的 α_{MN} 不相同，则产生角度闭合差 f_β，即

$$f_\beta = \alpha'_{MN} - \alpha_{MN} = (\alpha_{AB} - \alpha_{MN}) + n \times 180° - \sum \beta \tag{5-i7}$$

若 f_β 小于容许值 $40''\sqrt{n}$，当观测角为左角时，将 f_β 反号平均分配；当观测角为右角时，将 f_β 不反号平均分配。

2. 坐标增量的计算与调整

附合导线纵、横坐标增量的代数和理论上应等于终点与起点的坐标之差，即

$$\left. \begin{array}{l} \sum \Delta x_理 = x_M - x_B \\ \sum \Delta y_理 = y_M - y_B \end{array} \right\} \tag{5-18}$$

由于测角和量边误差的影响，算出的增量代数和 $\sum \Delta x_测$、$\sum \Delta y_测$ 与其理论值不相等，而产生增量闭合差 W_x 及 W_y，即

$$\left. \begin{array}{l} W_x = \sum \Delta x_测 - (x_M - x_B) \\ W_y = \sum \Delta y_测 - (y_M - y_B) \end{array} \right\} \tag{5-19}$$

求导线全长闭合差和相对闭合差，其方法和限差也与闭合导线相同。如在容许范围内，则将增量闭合差以相反的符号与边长成正比例分配到各边坐标增量中。表 5-8 为附合导线成果计算。

表 5-8 附合导线坐标计算表

点号	观测值(右角)(° ′ ″)	改正后的角值(° ′ ″)	坐标方位角(° ′ ″)	边长(m)	坐标增量(m) Δx	坐标增量(m) Δy	改正后坐标增量(m) Δx′	改正后坐标增量(m) Δy′	坐标(m) X	坐标(m) Y
A			<u>237 59 30</u>							
B	+6 99 01 00	99 01 06	157 00 36	225.85	+5 −207.91	−4 88.21	−207.86	88.17	<u>507.69</u>	<u>215.63</u>
1	+6 167 45 36	167 45 42	144 46 18	139.03	+3 −113.57	−3 80.20	−113.54	80.17	299.83	303.98
2	+6 123 11 24	123 11 30	87 57 48	172.57	+3 6.13	−3 172.46	6.16	172.43	186.29	383.98
3	+6 189 20 36	189 20 42	97 18 30	100.07	+2 −12.73	−2 99.26	−12.71	99.23	192.45	556.41
4	+6 179 59 18	179 59 24	<u>97 17 54</u>	102.48	+2 −13.02	−2 101.65	−13.00	101.63	179.74	655.64
C	+6 129 27 24	129 27 30							<u>166.74</u>	<u>757.27</u>
D										
Σ				740.10	−341.10	541.78	−340.95	541.64		

辅助
计算

$\alpha'_{CD} = 46°44'48''$ $\alpha_{CD} = 46°45'24''$ $\sum \Delta x = -341.10$ m $\sum \Delta y = +541.77$ m

$f_\beta = -36''$ $f_{\beta容} = \pm1'36''$ $|f_\beta| < |f_{\beta容}|$ $\dfrac{x_C - x_B = -340.95 \text{ m}}{W_x = -0.15 \text{ m}}$ $\dfrac{y_C - y_B = +541.64 \text{ m}}{W_y = +0.13 \text{ m}}$

$W_{D容} = \sqrt{W_x^2 + W_y^2} = 0.20$ m $K = \dfrac{1}{3\,700} < K_容 = \dfrac{1}{2\,000}$，符合精度要求

任务三　四等水准测量

一、任务内容

(一)学习目的

(1)熟悉水准仪的使用。

(2)掌握四等水准测量的外业观测方法。

(二)仪器设备

每组自动安平水准仪 1 台、双面水准尺 1 对、记录板 1 个。

(三)学习任务

按四等水准测量要求,每组完成一个闭合水准环的观测任务。

(四)要点及流程

1. 要点

(1)四等水准测量按"后前前后"(黑黑红红)顺序观测。

(2)记录要规范,各项限差要随时检查,无误后方可搬站。

2. 流程

如图 5-18 所示,由 BM 点—1 点—2 点—BM 点。

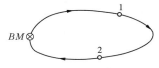

图 5-18　四等水准测量

(五)记录

四等水准测量外业记录表见表 5-9。

表 5-9　四等水准测量外业记录表

日期:＿＿＿＿＿＿　　　天气:＿＿＿＿＿　　　仪器型号:＿＿＿＿＿＿＿　　　组号:＿＿＿＿＿＿

观测者:＿＿＿＿＿＿＿＿＿　　　记录者:＿＿＿＿＿＿＿＿＿　　　司尺者:＿＿＿＿＿＿＿＿＿

编号	后尺	上丝	前尺	上丝	方向及尺号	标尺读数		K+黑-红(mm)	高差中数(m)	说明
		下丝		下丝		黑面(m)	红面(m)			
	后距		前距							
	视距差(m)		累加差(m)							
									已知 BM_1 的高程为 10.000 m

二、学习内容

国家三、四等水准测量的精度要求较普通水准测量的精度高,其技术指标见表5-10。

表5-10   三、四等水准测量技术指标

等级	仪器类型	标准视线长度(m)	后前视距差(m)	后前视距差累计(mm)	黑红面读数差(mm)	黑红面所测高差之差(mm)	检查间歇点高差之差(mm)
三等	DS$_3$	75	2.0	5.0	2.0	3.0	3.0
四等	DS$_3$	100	3.0	10.0	3.0	5.0	5.0

三、四等水准测量的水准尺,通常采用红黑双面尺,表5-10中的黑红面读数差,即指一根标尺的两面读数去掉常数之后所容许的差数。三、四等水准测量在一测站上水准仪照准双面水准尺的顺序为:

(1)照准后视标尺黑面,按视距丝、中丝读数。

(2)照准前视标尺黑面,按中丝、视距丝读数。

(3)照准前视标尺红面,按中丝读数。

(4)照准后视标尺红面,按中丝读数。

这样的顺序简称为"后—前—前—后"(尺面为黑—黑—红—红)。四等水准测量每站观测顺序也可为后—后—前—前(尺面为黑—红—黑—红)。无论何种顺序,视距丝和中丝的读数均应在水准管气泡居中时读取。四等水准测量的观测记录及计算的示例见表5-11,表内带括号的号码为观测读数和计算的顺序。(1)~(8)为观测数据,其余为计算所得。

(一)测站上的计算与校核

高差部分:

$$(9) = (6) + K_2 - (7)$$
$$(10) = (3) + K_1 - (8)$$
$$(11) = (10) - (9)$$

(10)及(9)分别为后、前视标尺的黑红面读数之差,(11)为黑红面所测高差之差。K为后、前视标尺红黑面零点的差数。

$$(16) = (3) - (6)$$
$$(17) = (8) - (7)$$

(16)为黑面所算得的高差,(17)为红面所算得的高差。由于两根尺子红黑面零点差不同,所以(16)并不等于(17)。表5-11的示例(16)与(17)应相差100,因此(11)尚可作一次检核计算,即

$$(11) = (16) - [(17) \pm 100]$$

视距部分:

$$(12) = [(1) - (2)] \times 100$$
$$(13) = [(5) - (6)] \times 100$$

表 5-11　四等水准测量观测手簿

测站编号	后尺 下丝 / 上丝	前尺 下丝 / 上丝	方向及尺号	标尺读数（mm）		黑 + K - 红（mm）	高差中数（m）	说明
				黑面	红面			
	后视距（m）	前视距（m）						
	视距差（m）	累加差（m）						
	（1）	（4）	后	（3）	（8）	（10）	（18）	
	（2）	（5）	前	（6）	（7）	（9）		
	（12）	（13）	后 - 前	（16）	（17）	（11）		
	（14）	（15）						
1	1 571	0 739	后 K_1	1 384	6 171	0	0.832 5	
	1 197	0 363	前 K_2	0 551	5 239	1		
	37.4	37.6	后 - 前	+0 833	+0 932	-1		$K_1 = 4\ 787$
	-0.2	-0.2						$K_2 = 4\ 687$
2	2 121	2 196	后 K_2	1 934	6 621	0	-0.074 5	
	1 747	1 821	前 K_1	2 008	6 796	-1		
	37.4	37.5	后 - 前	-0 074	-0 175	+1		
	-0.1	-0.3						
3	1 914	2 055	后 K_1	1 726	6 513	0	-0.140 5	
	1 539	1 678	前 K_2	1 866	6 554	-1		
	37.5	37.7	后 - 前	-0 140	-0 041	+1		
	-0.2	-0.5						

$$（14）=（12）-（13）$$
$$（15）=本站的（14）+前站的（15）$$

（12）为后视距离，（13）为前视距离，（14）为前后视距离差，（15）为前后视距累积差。

（二）观测结束后的计算与校核

高差部分：

$$\sum（3）-\sum（6）=\sum（16）=h_{黑}$$
$$\sum[（3）+K_1]-\sum（8）=\sum（10）$$
$$\sum（8）-\sum（7）=\sum（17）=h_{红}$$
$$\sum[（6）+K_2]-\sum（7）=\sum（9）$$
$$h_{中}=\frac{1}{2}[h_{黑}+(h_{红}\pm0.1)]$$

$h_{黑}$、$h_{红}$ 分别为一测段黑面、红面所得高差；$h_{中}$ 为高差中数。

视距部分：

末站(15) = ∑(12) − ∑(13), 总视距 = ∑(12) + ∑(13)

若测站上有关观测限差超限,在本站检查发现后可立即重测;若迁站后才检查发现,则应从水准点或间歇点起重新观测。

任务四 三角高程测量

一、任务内容

(一)学习目的
(1)掌握三角高程测量的外业测量方法。
(2)掌握三角高程测量的内业计算方法。

(二)仪器设备
每组经纬仪 1 台、觇标 2 把、记录板 1 个。

(三)学习任务
如图 5-19 所示,每组使用三角高程测量的方法完成 B、C 两点的高程测量,A 点的高程为已知,$H_A =$ 50.000 m。

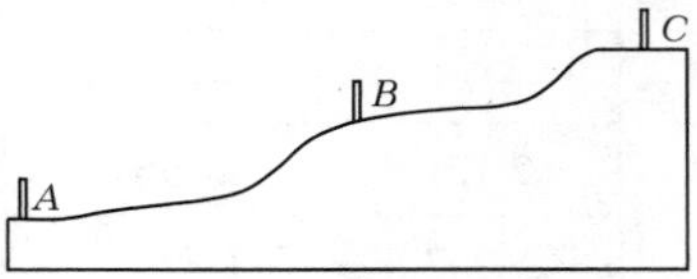

图 5-19 三角高程测量

(四)要点及流程
1. 要点

竖直角观测要准确,仔细量测仪器高和觇标高。

2. 流程

在 A 点安置经纬仪,在 B 点竖立觇标,用望远镜的中丝瞄准觇标顶点 M,测得竖直角 α 并且量取觇标高 v 和仪器高 i—在 B 点安置经纬仪,在 A、C 点竖立觇标,测角、量高—在 C 点安置经纬仪,在 B 点竖立觇标,测角、量高—计算高差 h_{AC}、h_{BC}—计算高程 H_B、H_C。

(五)记录
三角高程测量高差计算表见表 5-12。

二、学习内容

用水准测量的方法测定高程,精度比较高。但在山区或丘陵地区,用水准测量测定高程就比较困难,在这种情况下,往往采用三角高程测量的方法来测定点的高程。

(一)三角高程测量原理

三角高程测量的原理是:根据两点间的水平距离和竖直角,按三角公式计算两点间的高差(见图 5-20)。已知 A 点的高程为 H_A,欲测定 B 点的高程 H_B,则需在 A 点安置经纬仪,在 B 点竖立觇标,用望远镜的中丝瞄准觇标顶点 M,测得竖直角 α 并且量取觇标高 v 和仪器高 i,再根据两点间距离 D 即可求得 A、B 两点之间的高差,即

$$h_{AB} = D\tan\alpha + i - v \tag{5-20}$$

则 B 点的高程为

$$H_B = H_A + D\tan\alpha + i - v \tag{5-21}$$

表 5-12　三角高程测量高差计算表

日期：_____　　天气：_____　　仪器型号：_____　　组号：_____

观测者：_____　　记录者：_____　　司尺者：_____

起算点	A		B	
待定点	B		C	
往返测	往	返	往	返
斜距 S				
竖直角 α				
$S\sin\alpha$				
仪器高 i				
觇标高 v				
两差改正 f				
单向高差 h				
往返平均高差				

$H_A = \underline{50.000 \text{ m}}, H_B = \underline{\qquad\qquad}, H_C = \underline{\qquad\qquad}。$

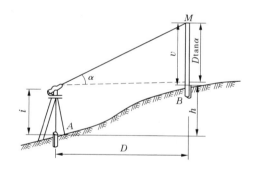

图 5-20　三角高程测量原理

应用式(5-20)、式(5-21)计算高差时，要注意竖直角 α 的符号。当 α 为仰角时，取正号，相应的 $D\tan\alpha$ 为正；当 α 为俯角时，取负号，相应的 $D\tan\alpha$ 亦为负。本法称为中丝测高法。

注意：当两点距离较大（大于 300 m）时，要进行球气差改正或进行对向观测。

（1）球气差改正数

$$f = 0.43 \frac{D^2}{R}$$

$$R = 6\ 371 \text{ km}$$

即

$$h_{AB} = i + D\tan\alpha - v + f$$

（2）可采用对向观测后取平均的方法，抵消球气差的影响。

(二)三角高程测量的实施

1. 外业观测

三角高程测量分为一、二两级,其形式取决于平面控制网的布设形式,可为闭合高程路线或附合高程路线。

三角高程测量在个别情况下也可布成独立交会高程点。高程路线应起始于水准点,而交会点则以高程路线为起算点。

三角高程测量外业工作包括观测竖直角 α,量取仪器高 i,量取觇标高 v。这几项工作一般与观测水平角同时进行。为了防止测量发生错误和提高测定高差的精度,凡组成三角高程路线的各边,应进行直、反觇观测。所谓直觇观测,就是从已知点 A 观测未知点 B;所谓反觇观测,就是从未知点 B 观测已知点 A。对向观测竖直角差和指标差的容许变动范围规定为 $\pm 1'$,对向观测的高差理论上是数值相等、符号相反,其差值规定在 $\alpha \leqslant 15°$ 的情况下,应不超过 $0.04D$,D 为边长的百米数,当 $D < 300$ m 时,按 300 m 计算;当 $\alpha > 15°$ 时,其容许误差也应适当放宽。

2. 内业计算

内业计算包括复核外业成果、填写三角高程测量计算表及计算导线点的高程项。三角高程路线上各点的高程计算,应首先根据各边的高差平均值计算路线的高差闭合差。若高差闭合差在容许范围内,可按与边长成正比例进行分配,具体计算方法与单一水准路线的相同。最后根据起点高程和改正后的高差计算各点高程。

【例 5-2】 有一附合三角高程路线,路线中各点间高差计算见表 5-13,高差闭合差的配赋及高程计算见表 5-14。

表 5-13 三角高程路线高差计算

观测点	李家	N_1	N_1	N_2	N_2	张店
观测点	N_1	李家	N_2	N_1	张店	N_2
方法	直	反	直	反	直	反
α	$-2°28'54''$	$+2°32'18''$	$+4°07'12''$	$-3°52'24''$	$-1°17'42''$	$+1°21'54''$
D(m)	585.08	584.08	466.12	466.12	713.50	+713.50
$D\tan\alpha$(m)	-25.36	$+25.94$	$+33.58$	-31.56	-16.13	$+17.00$
W(m)	$+0.02$	$+0.02$	$+0.02$	$+0.02$	$+0.03$	$+0.03$
i(m)	$+1.34$	$+1.30$	$+1.30$	$+1.32$	$+1.32$	$+1.28$
v(m)	-2.00	-1.30	-1.30	-3.50	-1.50	-2.00
高差 h(m)	-26.00	$+25.96$	$+33.60$	-33.72	-16.28	$+16.31$
平均高差 $h_{平均}$(m)	-25.98		$+33.66$		-16.30	

表 5-14　附合三角高程路线

点号	距离（m）	高差中数（m）	改正数（m）	改正后高差（m）	平差后高差（m）	观测附图
李家（A）						$\sum h = -8.62$
	585.08	-25.98	-25.94	-25.94		$H_B - H_A = -8.51$
					430.74	$W_h = \sum h - (H_B - H_A) = -0.11$
N_1						$W_容 = \pm 0.70$
					404.80	
	466.12	+33.66	+23.69	+23.69		
N_2					438.49	
	713.50	-16.30	+0.04	-16.26		
张店（B）	$\sum$ 1 764.70				422.23	

项目六　大比例尺地形图的测绘

【学习目标】

理解地形图、比例尺精度、分幅与编号、图名、坐标格网的概念;掌握地物与地貌的表示方法;理解视距测量原理;掌握测图前的准备工作、特征点选择、碎部测量的方法(经纬仪测绘法为主);掌握地物描绘、等高线勾绘、地形图的拼接、整饰和检查方面知识。

【学习任务】

使用经纬仪测绘法完成建筑测绘和地形测绘。

【基础知识】

一、比例尺

(一)概念

图上一段直线的长度与地面上相应线段的实地水平长度之比,称为该图的比例尺。

(二)表示方法

比例尺分为数字比例尺和图示比例尺两种。

1. 数字比例尺

数字比例尺是用分子为1,分母为整数的分数表示。设图上一段直线长度为 d,相应实地的水平长度为 D,则该图的比例尺为

$$\frac{d}{D} = \frac{1}{M}$$

式中　M——比例尺分母。

比例尺的大小是根据分数值来确定的,M 越小,此分数值越大,则比例尺就越大。数字比例尺也可以写成 1:500、1:1 000 等。

2. 图示比例尺

图示比例尺有直线比例尺和斜线比例尺等,直线比例尺是最常见的图示比例尺。

直线比例尺是根据数字比例尺绘制而成的。如 1:1 000 的直线比例尺,取 2 cm 为基本单位,每基本单位所代表的实地长度为 20 m。图示比例尺标注在图纸的下方,便于用分规直接在图上量取直线段的水平距离,且可以抵消图纸伸缩的影响。

二、地形图分类(按比例尺)

通常把 1:500、1:1 000、1:2 000、1:5 000、1:10 000 比例尺的地形图称为大比例尺图;1:2.5 万、1:5万、1:10 万比例尺的地形图称为中小比例尺图;1:20 万、1:50 万、1:100 万比例尺的地形图称为小比例尺图。

三、比例尺的精度

相当于图上 0.1 mm 的实地水平距离称为比例尺的精度。不同比例尺及其精度值见

表 6-1。

表 6-1　不同比例尺及其精度值

比例尺	1:500	1:1 000	1:2 000	1:5 000	1:10 000
比例尺精度(m)	0.05	0.1	0.2	0.5	1

四、地形图的分幅与编号

各种比例尺的地形图应进行统一的分幅和编号,以便进行测图、管理和使用。地形图分幅方法分为两类,一类是按经纬线分幅的梯形分幅法,另一类是按坐标格网分幅的矩形分幅法。

(一)梯形分幅与编号

1. 1:100 万比例尺图的分幅与编号

按国际上的规定,1:100 万的世界地图实行统一的分幅和编号,即自赤道向北或向南分别按纬差 4°分成横列,各列依次用 A,B,…,V 表示。自经度 180°开始起算,自西向东按经差 6°分成纵行,各行依次用 1,2,…,60 表示。每一幅图的编号由其所在的"横列一纵行"的代号组成。例如,某地的经度为东经 117°54′18″,纬度为北纬 39°56′12″,则其所在的 1:100 万比例尺图的图号为 J－50。

2. 1:50 万、1:25 万、1:10 万比例尺图的分幅和编号

在 1:100 万的基础上,按经差 3°、纬差 2°将一幅地形图分成四幅 1:50 万地形图,依次用 A、B、C、D 表示。将一幅 1:100 万的地形图按照经差 1°30′、纬差 1°分成 16 幅 1:25 万地形图,依次用[1],[2],…,[16]表示。将一幅 1:100 万的图,按经差 30′、纬差 20′分为 144 幅 1:10 万的图,依次用 1,2,…,144 表示。

3. 1:5 万和 1:2.5 万比例尺图的分幅和编号

1:5 万和 1:2.5 万比例尺图的分幅编号都是以 1:10 万比例尺图为基础的,每幅 1:10 万的图,划分成 4 幅 1:5 万的图,分别在 1:10 万的图号后写上各自的代号 A、B、C、D。每幅 1:5 万的图又可分为 4 幅 1:2.5 万的图,分别以 1、2、3、4 编号。

4. 1:10 000 和 1:5 000 比例尺图的分幅编号

1:10 000 和 1:5 000 比例尺图的分幅编号也是在 1:10 万比例尺图的基础上进行的。每幅 1:10 万的图分为 64 幅 1:10 000 的图,分别以(1),(2),…,(64)表示。每幅 1:10 000 的图分为 4 幅 1:5 000 的图,分别在 1:10 000 的图号后面写上各自的代号 a、b、c、d。

(二)矩形分幅与编号

大比例尺地形图大多采用矩形分幅法,它是按统一的直角坐标格网划分的。采用矩形分幅时,大比例尺地形图的编号一般采用图幅西南角坐标公里数编号法。编号时,比例尺为 1:500 地形图坐标值取至 0.01 km,而 1:1 000、1:2 000 地形图坐标值取至 0.1 km。

1. 地物符号

地面上的地物和地貌,按国家测绘总局颁发的《地形图图式》中规定的符号描绘于图上。

2. 比例符号

地物的形状和大小均按测图比例尺缩小，并用规定的符号描绘在图纸上，这种符号称为比例符号。如湖泊、稻田和房屋等，都采用比例符号绘制。

3. 非比例符号

有些地物，如导线点、水准点和消火栓等，轮廓较小，无法将其形状和大小按比例缩绘到图上，而采用相应的规定符号表示在该地物的中心位置上，这种符号称为非比例符号。非比例符号均按直立方向描绘，即与南图廓垂直。非比例符号的中心位置与该地物实地的中心位置关系，随各种不同的地物而异，在测图和用图时应注意下列几点：

（1）规则的几何图形符号，如圆形、正方形、三角形等，以图形几何中心点为实地地物的中心位置。

（2）底部为直角形的符号，如独立树、路标等，以符号的直角顶点为实地地物的中心位置。

（3）宽底符号，如烟囱、岗亭等，以符号底部中心为实地地物的中心位置。

（4）几种图形组合符号，如路灯、消火栓等，以符号下方图形的几何中心为实地地物的中心位置。

（5）下方无底线的符号，如山洞、窑洞等，以符号下方两端点连线的中心为实地地物的中心位置。

4. 半比例符号

地物的长度可按比例尺缩绘，而宽度不按比例尺缩小表示的符号称为半比例符号。用半比例符号表示的地物常常是一些带状延伸地物，如铁路、公路、通信线、管道等。这种符号的中心线，一般表示其实地地物的中心位置，但是城墙等地物中心位置在其符号的底线上。

五、地物注记

对地物加以说明的文字、数字或特有符号，称为地物注记。例如城镇、学校、河流、道路的名称，桥梁的长宽及载重量，江河的流向、流速及深度，道路的去向，森林、果树的类别等，以文字或特定符号加以说明（见表6-2）。

六、地貌符号

（一）地貌的概念

地貌是指地表面的高低起伏形态，是地形图要表示的重要信息之一，地貌的基本形态可以归纳为山丘、洼地、山脊、山谷、鞍部、绝壁（见图6-1）等几种典型地貌。

（二）等高线的概念

测量工作中常用等高线来表示地貌。等高线是地面上高程相同的相邻各点所连接而成的闭合曲线。水面静止的池塘的水边线，实际上就是一条闭合的等高线。

1. 等高距和等高线平距的概念

相邻等高线之间的高差称为等高距，常以 h 表示。在同一幅地形图上，等高距 h 是相同的。相邻等高线之间的水平距离称为等高线平距，常以 d 表示。基本等高距设置见表6-3。

表 6-2　大比例尺地形图图示

编号	符号名称	图例 1:500, 1:1 000	1:2 000	编号	符号名称	图例 1:500, 1:1 000	1:2 000
1	坚固房屋 4—房屋层数	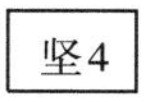 坚4	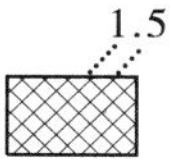 1.5	11	水稻田	0.2　↓ 2.0　↓ 10.0　↓ 10.0	
2	普通房屋 2—房屋层数	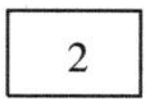 2	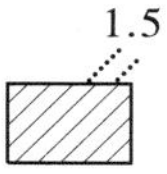 1.5	12	旱地	1.0 ⊥ 2.0　⊥ 10.0　⊥ 10.0	
3	建筑物间的悬空建筑						
4	简单房屋	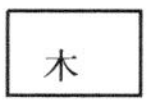 木					
5	台阶	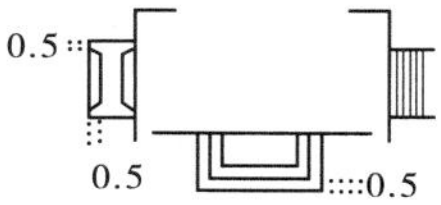 0.5　0.5　0.5		13	菜地	↙ 2.0　↙ 2.0 10.0 ↙ 10.0	
6	三角点 凤凰山—点名 394.468—高程	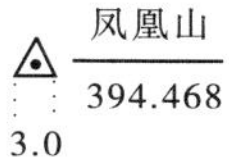 凤凰山 394.468 3.0					
7	图根点 1.埋石的 2.不埋石的	2.0 ▣ N16 84.46　1.5 ◈ D25 2.5 62.74		14	电力线 1.高压 2.低压 3.电杆 4.电线架 5.铁塔	4.0　4.0　1.0 ◦ 1.0	
8	水准点 Ⅱ京石5—点名 32.804—高程	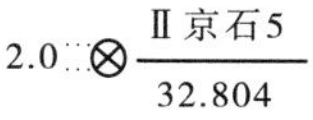 2.0 ⊗ Ⅱ京石5 32.804					
9	花圃	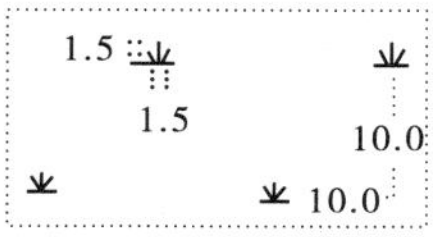 1.5 ↯ 1.5 10.0 ↯ 10.0		15	通信线	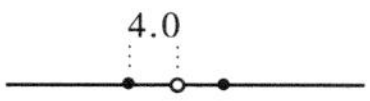 4.0	
10	草地	1.5 ‖ 0.8 ‖ 10.0 ‖ 10.0		16	围墙 1.砖、石及混凝土墙 2.土墙	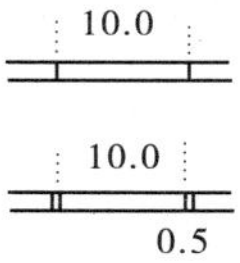 10.0　0.5 10.0　10.0 0.3 0.5	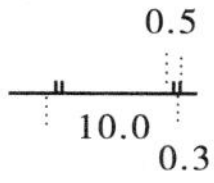

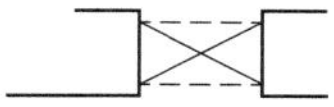

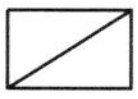

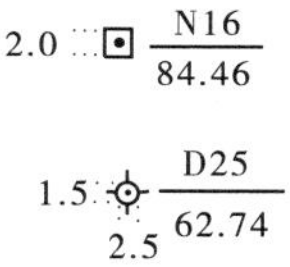

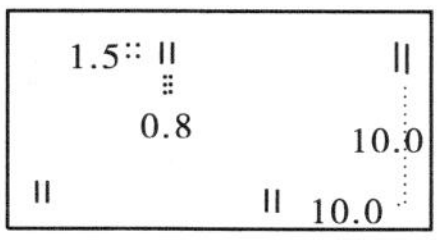

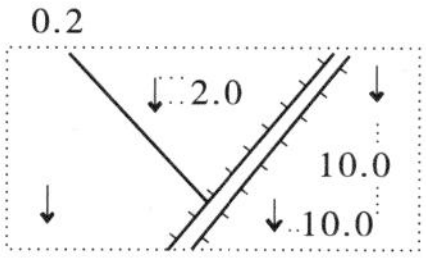

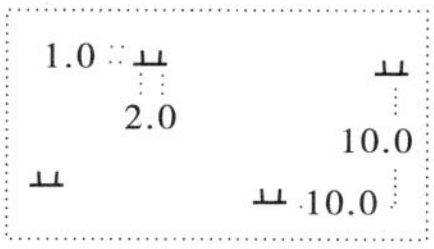

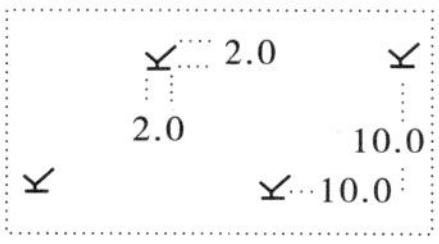

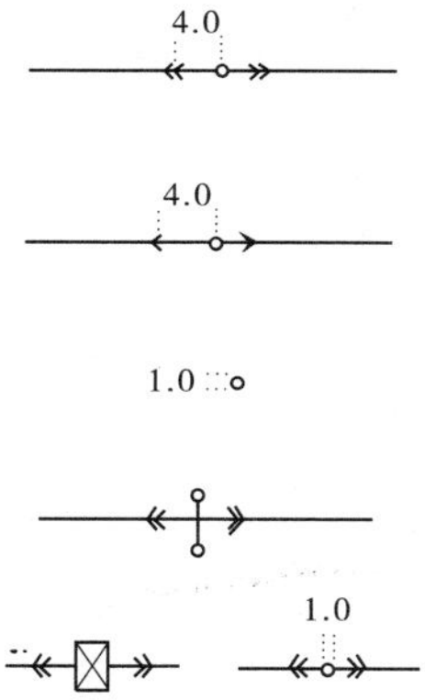

113

编号	符号名称	图例 1:500,1:1 000	1:2 000	编号	符号名称	图例 1:500,1:1 000	1:2 000
17	栅栏、栏杆	10.0 / 1.0		27	彩门、牌坊、牌楼	1.0 0.5 / 1.0	
18	篱笆	10.0 / 1.0		28	水塔	2.0 3.0 1.0 1.2	
19	活树篱笆	3.5 0.5 10.0 / 1.0 0.8		29	烟囱	3.5 1.0	
20	沟渠 1.一般的 2.有堤岸的 3.有沟堑的	0.3 / 1		30	消火栓	1.5 1.5 2.0	
				31	阀门	1.5 1.5 2.0	
				32	水龙头	3.5 2.0 1.2	
21	等级公路 2—技技术等级代码(G301)—国道路线编号	2(G301) 0.2 0.4		33	路灯	2.5 1.0	
22	等级公路 9—技术等级代码	9 0.2		34	汽车站	2.0 3.0 1.0 0.7	
23	大车路	8.0 2.0		35	灌木丛(大面积的)	0.5 1.0	
24	小路	4.0 1.0 0.3					
25	独立树 1.阔叶 2.针叶 3.果树	1.5 3.0 0.7 3.0 0.7 3.0 0.7		36	行树	10.0 1.0	
				37	等高线及其注记 1.首曲线 2.计曲线 3.间曲线	0.15 87 0.3 85 0.15 6.0 1.0	
26	宣传橱窗、标语牌	1.0 2.0		38	示坡线	0.8	

编号	符号名称	图例		编号	符号名称	图例	
		1:500,1:1 000	1:2 000			1:500,1:1 000	1:2 000
39	高程点及其注记	0.5·163.2 ▲75.4		41	梯田坎(加固的)	1.3° 84.2° 1	
40	陡崖 1.土质的 2.石质的	1	2	42	冲沟		

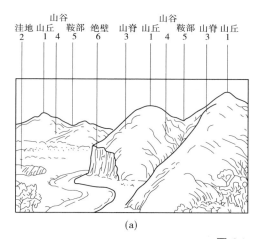
(a)

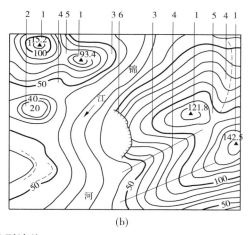
(b)

图 6-1　典型地貌

表 6-3　基本等高距　　　　　　　　　　　　　　　　　　　（单位:m）

地形类别 （地面倾角 α）	比例尺		
	1:500	1:1 000	1:2 000
平坦地（$\alpha < 3°$）	0.5	0.5	2
丘陵地（$3° < \alpha < 10°$）	0.5	1	5
山地（$10° < \alpha < 25°$）	1	1	5
高山地（$\alpha > 25°$）	1	2	5

h 与 d 的比值就是地面坡度

$$i = h/(dM)$$

式中　M——比例尺分母;

　　i——坡度,一般以百分率表示,向上为正、向下为负。

　　因为同一张地形图内等高距 h 是相同的,所以地面坡度与等高线平距 d 的大小有关。等高线平距越小,地面坡度就越大;平距越大,则坡度越小;平距相等,则坡度相同。因此,可以根据地形图上等高线的疏、密来判定地面坡度的缓、陡。

2.等高线的分类

1）首曲线

在同一幅图上，按规定的基本等高距描绘的等高线称为首曲线，也称基本等高线，它是宽度为 0.15 mm 的细实线。

2）计曲线

凡是高程能被 5 倍基本等高距整除的等高线，称为计曲线。为了读图方便，计曲线要加粗（线宽 0.3 mm）描绘。

3）间曲线和助曲线

当首曲线不能很好地显示地貌的特征时，按二分之一基本等高距描绘的等高线称为间曲线，在图上用长虚线表示。有时为显示局部地貌的需要，按四分之一基本等高距描绘的等高线，称为助曲线，一般用短虚线表示。间曲线和助曲线可不闭合。

3.等高线的特性

为了掌握用等高线表示地貌时的规律性，现将等高线的特性归纳如下：

（1）同一条等高线上各点的高程都相同。

（2）等高线是闭合的曲线，如果不在本幅图内闭合，则必在图外闭合。

（3）除在悬崖和绝壁处外，等高线在图上不能相交，也不能重合。

（4）等高线的平距小，表示坡度陡；平距大，表示坡度缓；平距相同，表示坡度相等。

（5）等高线与山脊线、山谷线正交。

任务一　经纬仪法测绘建筑

一、任务内容

（一）学习目的

（1）了解测图前准备工作。

（2）地物平面图的测绘。

（二）仪器设备

每组 J_6 级经纬仪 1 台、塔尺 2 把、图板、图纸、量角器、比例尺、小钢尺、橡皮、小刀、记录板各 1 个。

（三）学习任务

按 1∶500 测地形图的要求，每组完成 2 栋房屋的观测、绘图任务。

（四）要点及流程

1.要点

后视方向要找一个距离相对远的点。

2.流程

如图 6-2 所示，在 A 点架仪器—后视 B 点—测点 1、2、3—绘出房屋。

（五）记录

经纬仪法测量碎部点外业记录表见表 6-4。

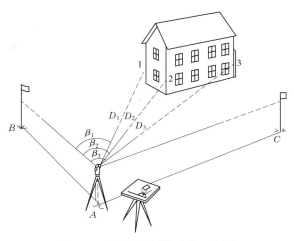

图 6-2 经纬仪法测绘建筑示意图

表 6-4 经纬仪法测量碎部点外业记录表

日期：＿＿＿＿＿＿＿ 天气：＿＿＿＿＿ 仪器型号：＿＿＿＿＿＿＿ 组号：＿＿＿＿＿

观测者：＿＿＿＿＿＿＿ 记录者：＿＿＿＿＿＿ 司尺者：＿＿＿＿＿＿＿

测站点：＿＿＿＿ 后视点：＿＿＿＿ 仪器高：＿＿＿＿＿ m 测站高程：＿＿＿＿＿ m

点号	视距读数（m）			中丝读数 v（m）	竖盘读数 （° ′ ″）	水平读数 （° ′ ″）	水平距离 （m）	碎部点高程 （m）
	上丝读数 （m）	下丝读数 （m）	上下丝之差 （m）					

请将所测地形图粘贴在此处：

二、学习内容

(一)测图前的准备工作

测图前必须认真地做好准备工作,这是又快又好地完成测量工作的前提。下面将准备工作的主要方面简要讲述如下。

1. 组织准备

做好人员的配备,明确分工。

2. 技术准备

(1)仪器、工具及其相关资料的准备。检校仪器,备齐工具,收集测区资料,核实控制测量数据,确定控制点位置。

(2)图样的准备。地形图测绘选用一面打毛的聚酯薄膜作为绘图用纸,其厚度为 0.05~0.10 mm,经过热定型处理。聚酯薄膜具有伸缩性小、透明度高、耐磨损、耐潮湿、玷污后可清洗以及可直接晒图或制版印刷成图的特点。但其缺点是易燃、怕折,需小心保管。使用时,在聚酯薄膜的下面垫上一张浅色纸,能使铅笔线条看得更清晰。图样的规格与大小见表 6-5。

表 6-5   大比例尺地形图的规格与大小

比例尺	图幅大小(cm × cm)	每幅图的实地面积(km²)	每平方千米图幅数
1:500	50 × 50	0.062 5	16
1:1 000	50 × 50	0.25	4
1:2 000	50 × 50	1	1
1:5 000	40 × 40	4	1/4

(3)绘制坐标网格。为了能准确地将各级控制点绘制在图样上,首先要精确地在聚酯薄膜上绘制坐标网格。绘制坐标网格的常用方法有对角线法和坐标网格尺法。以下只介绍对角线法。将裁好的聚酯薄膜固定在图板上,绘制坐标网格。下面以 50 cm × 50 cm 图幅为例讲述网格的绘制方法(见图 6-3)。在图样上画两条对角线,以对角线交点为中心,以 35.35 cm 为半径画圆,圆与两条对角线的交点依次为 A、B、C、D,连接这四个点就会得到一个矩形;以 A、B 为起点沿 AD、BC 方向每隔 10 cm 截取一个点,再以 A、D 两点为起点沿 AB、DC 方向也每隔 10 cm 截取一个点,把对边上相应的点连接起来,形成横、竖各五个方格就可以了。

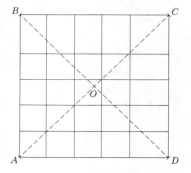

图 6-3   对角线法绘制方格网

绘完坐标网格后,还应对其进行校核。用较高精度的直尺分别量取 AB、BC、CD、DA、AC、BD 的长度,看是否符合要求,最大误差不应超过 0.2 mm,然后检查每个方格的长是否为 10 cm,误差应小于 0.1 mm。

(4)展绘图根点。坐标网格绘制合格后,就可展绘图根点了。若是独立的测区且只有一幅图,先要定好图幅左下角点的坐标,使整个测区处在图幅的中间位置,测区内所有测点的坐标不出现负值,左下角点的坐标一般为整数,如图 6-4 所示的(500,500),这样可方便以后的计算;若是多幅图,则以整个测区来考虑,也不要出现负值坐标,先定出一幅图的坐标,其他图幅以此推算。若是要与某个控制网接轨,则必须与该控制网的坐标保持一致。

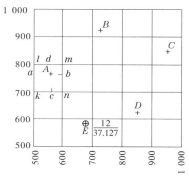

图 6-4　展绘图根点

展绘某个图根点时,首先看坐标点落在哪一个网格内,再确定该网格的左下角点坐标,最后确定该点的具体位置,用相应符号表示,再在其右侧画一短横线,在横线上方标记该点的点号,下方标记该点的高程。全部图根点展绘完成后,还要对其进行检查,方法是用比例尺量取图根点间的距离,并与控制测量成果表中的数据进行比较,其差值的图距不超过 0.3 mm 就达到了要求标准,否则应重新展绘。

(二)地形图的测绘方法

根据测量工作的原则,应先进行控制测量,然后开展碎部测量。地形图的测绘又称碎部测量。碎部测量是根据已知控制点的平面位置和高程,用测绘仪器来测绘地物、地貌特征点的平面位置和高程,按一定的比例用特定的符号描绘成图的工作。

测绘仪器有大平板仪、中平板仪、小平板仪、经纬仪、光电测距仪、全站仪等,各仪器的测绘方法也不尽相同。平板仪在各测绘单位的使用越来越少,其测绘方法在此不作介绍。下面以经纬仪为例来讲述地形图的测绘过程和方法,用经纬仪测绘地形图的方法称为经纬仪法(见图 6-5)。

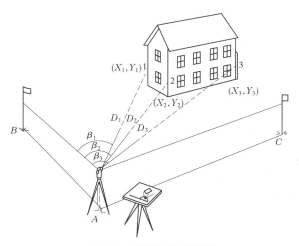

图 6-5　经纬仪碎部测量

1. 安置仪器

如图 6-5 所示,在控制点 A 安置经纬仪,对中、整平,量取仪器高 i,测定竖直度盘的指标差 x,把相关数据记录在表格中,并在经纬仪旁安放好绘图板。

2. 定向

以盘左位置，瞄准 A 点的相邻控制点 B，将水平度盘的读数调为 $0°00'00''$，这项工作称为定向。转动经纬仪照准部，瞄准 A 点的另一相邻控制点 C，读取水平度盘的读数为 β，同时测量 H_B、H_C，看相关数据与控制测量的数据是否符合，若不符合，则要查明原因，直到符合。

3. 立尺

立尺员将视距尺竖立在地物或地貌的特征点上。立尺前，立尺员应根据测量地形选定立尺点，并与观测员、绘图员共同商定立尺路线。为了保证测绘精度，在进行碎部测量时，最大视距的要求见表6-6。

表6-6　碎部测量最大视距

比例尺		1:500	1:1 000	1:2 000	1:5 000
最大视距(m)	主要地物	60	100	180	300
	次要地物及地形点	100	150	250	350

(1)观测。观测员找准视距尺，读取上下丝间距、中丝读数、水平角、竖直角。

(2)计算。由记录人员将数据记录在表格中(见表6-7)，并进行计算。

表6-7　经纬仪碎部测量记录手簿

仪器型号 __DJ₆__　测站 __A__　后视点 __B__　测站点高程 __110.13 m__　仪器高 i __1.42 m__

点号	尺间隔	中丝 (m)	竖盘读数 (° ′)	竖直角 (° ′)	水平角 (° ′)	水平距 (m)	高差 (m)	高程 (m)	说明
1	0.761	1.40	86　32	+3　28	275　25	75.72	+4.61	114.74	房角
2	0.512	1.16	88　15	1　45	70　40	51.35	+1.83	111.96	古树

(3)展绘碎部点。绘图员转动量角器，将量角器上等于观测的水平角角值的刻划线对准定向方向线，此时量角器零刻划线方向便是立尺点的方向。根据测图比例尺用量角器的直尺边刻划定出立尺点的位置，用线笔在图上点示，并在点的右侧注记高程。

(4)测站检查。为了保证测图正确、顺利地进行，必须在每个测站工作开始前进行测站检查。检查方法为：在测站上除进行方向检查外，还要检查上站已经测过的地物点 $2\sim$ 3 个，如两次测得的点位吻合才能开始测量，此外，每测完 20～30 个点和结束测量工作前都要进行定向点的归零检查，归零差不应大于 $4'$。在每测站工作结束时应确认地物、地貌无错测、漏测时方可迁站。

(三)地形图的绘制

1. 地物的描绘

在外业期间已完成了地物的测绘工作，并绘成了草图。回到室内，首先，要查看图上所有的地物符号，看其是用比例符号还是半比例符号表示的，若是用非比例符号表示的，还要依图式的要求和标准重新进行绘制，直到所有的地物符号都符合测绘要求和标准；其次，要查看地物注记是否准确，是否符合图式要求。

2. 地貌的描绘

在外业期间,我们要求每天测绘的地貌当天要勾绘出来,至少要勾绘出计曲线。当全部图测绘完成后,首要工作就是补画未完成的首曲线,其次是检查以前所绘计曲线或首曲线是否正确,山峰间的衔接是否符合实际情况,所绘等高线是否平滑,所标高程的位置和数据是否得当等。

(四)地形图的拼接、检查和整饰

1. 地形图的拼接

当测区较大时,需要采用分幅测图,由于测绘误差的存在,相邻两幅图接合处(即两幅图交界的边线)的地物轮廓线和地貌等高线不能完全符合(见图6-6),此时有必要对它们进行改正,拼接的规范见表6-8。

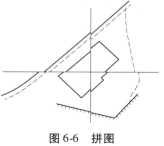

图6-6 拼图

表6-8 地物的点位及间距中误差

地区类别	点位中误差(图距)(mm)	临近地物间距中误差(图距)(mm)
平原、丘陵、城市建筑区	±0.5	±0.4
山区、设站测设困难的旧街坊	±0.75	±0.6

拼接的具体做法是:若是用白纸绘图,把相邻地物、地貌的符号绘在透明纸上,同一线条位置偏移低于中误差的 $2\sqrt{2}$ 倍时,可直接在透明纸上将其修正,再在图样上把相应的地方修改过来;若是用聚酯薄膜纸,则可直接在图样上修正。同一线条位置偏移超过了中误差的 $2\sqrt{2}$ 倍,必须查明原因后修改,否则还应到实地进行补测修正。修改拼接后的地物地貌应保持它们的实际走向不变,如房屋的直角、道路的走向、各种线路的走向等。

为了保证图边地物、地貌的正确性,在测图时,应将每幅图测图的范围扩大,一般扩大图距5 mm 的范围就行了。若图边地物是独立的房屋,两幅图中都应完整地进行测绘;若遇有电杆的线路,还要将另一个电杆测出,以便确定线路的走向;若是没有拼接的图边,应认真核查,确保无误。

2. 地形图的检查

为了确保测图的质量,以上工作完成后,还要对图进行一次全面的检查,包括室内检查和外业检查。

(1)室内检查。室内检查应从测图准备工作以后开始进行:检查测量成果的计算有无错误,图根点的展绘有无错误,一幅图中图根点的个数是否符合要求,碎部测量记录手簿中的记录计算有无错误,碎部点的展绘有无错误,图上地物符号有无与实地不一致的地方,等高线上所标数据是否正确,等高线之间有无矛盾的地方,图边拼接是否正确,各种注记符号是否规范以及整个图面是否清晰易读等。若有错误或疑惑的地方,必须查明原因后修改,否则应到实地检查修改或实测修改。

(2)外业检查。根据室内检查的问题,用仪器在实地进行检查修改,若室内检查没有任何问题,也要用仪器到实地对部分测站进行检查,并对图样进行必要的修改;没有用仪器检查的部分,要手持图样到实地进行巡视检查,即用图样对照实地,看是否一致或图样是否符合实际情况以及是否有漏测、漏绘的地物、地貌。

3. 地形图的整饰

通过各种检查,图样达到要求和标准后,再对图样进行清绘和整饰,使图面更加合理、清晰、美观。整饰原则是先图内,后图外;先地物,后地貌;先注记,后符号。注意等高线不能穿过地物和注记符号。最后,按图式要求注明图名、图号、接图表、轮廓线以及比例尺、坐标系、高程系、施测单位、测绘者、施测日期等。

任务二　经纬仪法测绘地形

一、任务内容

(一)学习目的

(1)了解测图前准备工作。

(2)地形平面图的测绘。

(二)仪器设备

每组 J_6 级经纬仪 1 台、塔尺 2 把、图板、图纸、量角器、比例尺、小钢尺、橡皮、小刀、记录板各 1 个。

(三)学习任务

按 1∶500 测地形图的要求,每组完成一个典型地形的观测、绘图任务,如图 6-7 所示。

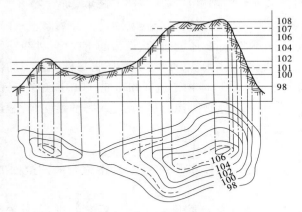

图 6-7　地形图

(四)要点及流程

1. 要点

后视方向要找一个距离相对远的点,地形特征点的选取要准确合理,合理确定地貌特征点的数量。

2. 流程

在测站点架设经纬仪—选取后视点—测地形特征点 1,2,3,…—绘出地形。

（五）记录

经纬仪法测量碎部点外业记录表见表6-9。

表6-9　经纬仪法测量碎部点外业记录表

日期：_____　　　天气：_____　　　仪器型号：_____　　　组号：_____

观测者：_____　　　　记录者：_____　　　　司尺者：_____

测站点：_____　　后视点：_____　　仪器高：_____m　　测站高程：_____m

点号	视距读数（m）			中丝读数 v（m）	竖盘读数 （° ′ ″）	水平读数 β （° ′ ″）	水平距离 （m）	碎部点高程 （m）
	上丝读数 （m）	下丝读数 （m）	上下丝之差 （m）					

请将所测地形图粘贴在此处：

二、学习内容

地貌虽然复杂多变,但基本离不开线与面,我们把面与面的交线称为地性线;地性线不同走向的坡面与坡面的交线称为坡向变换线,如山谷线、山脊线;有不同坡度的变换线称为坡度变换线,如山坡与平地的交线,陡坡与缓坡的交线。地性线都是由点组成的,我们把地性线的转折点、地性线的端点以及地性线与地性线的交点称为地貌特征点。

(一)地貌的测绘步骤

1.测绘地貌特征点

地貌的特征点主要有山的顶点、山脊线和山谷线上的点、谷口点、鞍部的最低点以及坡度变换线上的点。在以上点的测量基础上,还要适当增加测绘点,如在比较平缓的山顶、山脊和山谷以及不很明显的坡度变换线周围,以保证比较准确地反映实际的地貌特征。

2.连接地性线

在将特征点连接为地性线时,要随测随连,虚线表示山脊线,实线表示山谷线,并在各特征点边标上高程数据。若地形简单或绘图员很熟练,则可直接勾绘等高线,不需连接地性线。

3.确定等高线的通过点

我们按照高差与等高线平距成正比例的关系,采用内插法在地性线上确定等高线的通过点,确定通过点时,应该一个线段一个线段的确定。内插法确定等高线通过点的方法有三种:

(1)解析法。如图6-8所示,已如 a、d 点的高程及其在平面上的位置,若等高距为1 m,那么 a、d 间通过的有44 m、45 m、46 m、47 m、48 m 高程的五条等高线;a、b 间的高差为4.9 m,且是匀坡,各条等高线间的平距相等;量取 a、d 间的图上距离为29.4 mm,可以得到等高线平距为6 mm,沿 da 连线由 d 到 a 依次以2.4 mm、6 mm、6 mm、6 mm、6 mm 为半径在 da 上截得高程为44 m、45 m、46 m、47 m、48 m 的点。

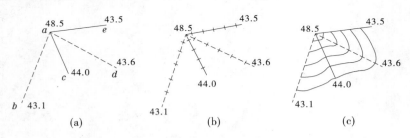

图6-8 等高线的勾绘过程 (单位:m)

(2)目估法。目估法确定通过点的方法是"首尾目估,中间平分"(见图6-9)。首先目估0.5 m、0.8 m 的长度确定高程53 m、57 m 的通过点,中间部分再根据通过等高线的条数平均分配即可。

(3)图解法。首先在透明纸上绘一组等间距的平行线(见图6-10),在平行线的两端由下到上分别注上0,1,2,…,10 等数字,将透明纸蒙在图样上,让 A 点处在两平行线之间,旋转透明纸,使 AB 间通过的等高线条数与平行线数相等,再慢慢旋转透明纸,使 AC、BD 的长与平行线间隔相适应,最后用大头针将交点刺到图样上,然后标上高程数据即可。

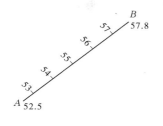

图 6-9　目估法　(单位:m)

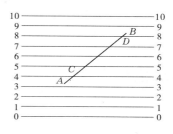

图 6-10　图解法

4.勾绘等高线

把高程相等的相邻点用平滑的曲线依实际地貌顺序连接起来,便得到一系列的等高线。一般应在实地现场勾绘等高线,如时间有限,外业期间至少应勾绘出计曲线或部分等高线,返回室内后应及时勾绘其余的等高线,以便及时发现有无测量错误。等高线勾绘完后,应擦去所有的地性线,特征点的高程数据应有选择地保留。

(二)地貌测绘的注意事项

(1)正确选择地貌特征点,特征点的正确选择直接关系到测图的质量,否则就不能如实地反映地貌的实际形态,这就要求测量人员必须掌握各种地貌的测绘要领,以测图比例尺为依据,对复杂的地貌做出综合取舍,准确地把握地貌的实际特征,正确地选择特征点。

(2)合理确定地貌特征点的数量,特征点的数量也要适当控制,立尺点太少了,不能真实反映地面的形态,立尺点太多了,会大量增加外业工作量,具体要求见表6-10。

表6-10　地形点的密度

比例尺	1:500	1:1 000	1:2 000	1:5 000
特征点间距(m)	15	30	50	100

(3)立尺员与绘图员要密切配合。立尺员要与绘图员商量后选择跑尺的线路,这样做一是方便绘图员绘图,另一方面自己也不走冤枉路;在复杂地段,若有必要,立尺员要返回测站,向绘图员说明情况;绘图员要及时绘图,并及时提醒立尺员哪些地方要补测,哪些地方要重测,哪些地方要增加立尺的密度。

项目七　园林工程施工放样

【学习目的】

掌握水平距离、水平角、高程三要素的测设方法;掌握点平面位置的测设方法(极坐标法、直角坐标法、角度交会法、距离交会法)及坡度线的测设方法;掌握建筑场地平面控制(建筑基线、建筑方格网)、高程控制测量的方法;掌握圆曲线园林道路的切线支距法和偏角法的计算公式和测设方法;掌握道路纵断面的基平测量、中平测量和横断面测量方法。掌握园林建筑、道路、假山、水体及植物的定位、放线方法。

【学习任务】

直角坐标法、极坐标法测设平面点位;园林建筑物的定位;园林道路定位放样;不规则图形的放样;园林植物种植点位放样。

【基础知识】

一、施工测量概述

将设计图上的建筑物、构筑物的平面位置和高程按照设计要求和施工需要,以一定的精度准确地标定到地面上,作为施工的依据,这一工作称为施工测量或施工放样,也称测设。

一般的工程建设要经过规划设计、施工建设、运营管理三个阶段。测量工作贯穿于工程建设的整个过程。在工程的规划设计阶段,测量工作为其提供各种比例尺地形图,对重要的工程或地质条件不良地区的土层的稳定性进行观测。在施工建设阶段,测量工作的任务是按照设计的要求在实地准确地标定建筑物、构造物的平面位置和高程位置,作为施工与安装的依据。在竣工后的运营管理阶段,测量工作包括竣工测量、为监测大型工程安全运营而进行的变形观测以及为维修养护进行的实施服务。

(一)施工测量的主要内容

从建立施工控制网,施工场地的平整,建筑物、构筑物定位,基础施工到工程构件的安装、竣工、使用、维护等方面都需要进行施工测量。施工测量主要包括以下内容:

(1)施工控制网的布设。根据设计的总平面图以及测区的地形条件布设施工控制网。

(2)建筑物、构筑物的详细放样。根据工程设计图上设计的建筑物、构筑物的位置、尺寸、高程,计算出构筑物的特征点、轴线交点与控制点,已有建筑物、构筑物的特征点之间的关系。以地面控制点为依据,将建筑物、构筑物的位置在地面上或不同的施工部位标定出来,供工程施工人员使用。

(3)检查、验收工作。施工中,每道工序完成后都要通过测量检查工程各部位的实际位置及高程是否符合设计要求。

(4)竣工测量。竣工测量的主要工作是竣工图的测量。竣工图是在工程阶段竣工或全部竣工后进行实测编绘的,它不但要表示新建建筑物、构筑物的相关位置,而且要表示出地下(特别是管线等隐蔽工程)和地上(包括架空)的各种建筑物、构筑物的准确位置。竣工图既是工程的技术档案,又为运营、管理和将来的改建、扩建提供依据。

(5)变形观测。变形观测不但在施工过程中对工程建筑物、构筑物的沉降、倾斜以及形变进行监测,而且也要对大型建筑物、构筑物运营状况进行观测,以确保工程施工和运营的安全。变形数据可为鉴定工程质量、验证工程设计、施工是否合理提供依据。

(二)施工测量的原则

施工现场上的各种建筑物、构筑物分布较广,且往往又不是同时开工兴建。为了保证各个建筑物、构筑物在平面和高程位置上都符合设计要求,施工测量同地形测量一样,必须遵循"从整体到局部,先控制后碎部"的原则。首先,根据施工布局先在施工场地布设统一的控制网,并以此为基础测设各建筑物和构筑物的细部。另外,施工测量的检核工作非常重要,必须采用各种不同的方法加强外业和内业的检核工作,以确保施工质量。

(三)施工测量的精度

施工测量的精度取决于建筑物或构筑物的大小、材料、用途和施工方法等因素。一般情况下,施工控制网的测设精度高于测图控制网精度;高层建筑物的测设精度高于低层建筑物的;钢结构厂房的测设精度高于钢筋混凝土结构厂房的;装配式建筑物的测设精度高于非装配式建筑物的;连续性自动设备厂房的测设精度高于独立厂房的;建筑物细部之间或细部相对建筑物主轴线位置的放样精度应高于建筑物主轴线相对于场地主轴线或它们之间的相对位置的精度要求。

总之,施工测量的精度应根据工程性质和设计要求来确定,精度不够会影响工程质量,其至造成重大事故。但是精度要求过高,会导致人力、物力的浪费。因此,应选择合理的施工测量精度。

(四)施工测量的特点

(1)施工控制网精度高,控制点密度大,使用频繁。

(2)施工测量与工程质量及施工进度有着密切的联系,必须与施工组织计划相协调。测量人员应与设计、施工人员密切联系,了解设计内容、性质以及对测量精度的要求,随时掌握工程进度及现场的变动,使施工测量进度和精度满足施工的需求。

(3)受施工干扰大。由于施工现场各工序交叉作业,有大量土、石方填挖,材料堆放,运输频繁,场地变动及施工机械振动等原因,施工场地的测量标志易被破坏,因此各种测量标志必须避开车辆运输路线,埋设在稳固且不宜破坏的地方,并经常检查。如有破坏及时恢复。同时,要特别注意测量人员的安全。

二、测设的基本工作

施工测量是根据控制点或已有建筑物特征点与待测设点之间的角度、距离和高差等几何关系,应用测绘仪器和工具把设计建筑物、构筑物的平面位置和高程在地面上标定出来的工作。因此,施工测量的基本工作是测设水平距离、水平角、高程。

(一)水平角的测设

测设水平角就是根据一已知方向及与已知方向形成的水平角测设出另一方向。按测设精度要求不同分为一般方法和精确方法。

1. 一般方法

一般方法（正、倒镜取中法），如图 7-1 所示，A、B 为已知点，欲从 AB 向右测设一个设计角值为 β 的 AC 方向，测设步骤如下：

（1）将经纬仪安置于 A 点，对中、整平，盘左位置照准 B 点，使水平度盘读数为 $0°00'00''$。

（2）转动照准部使水平度盘读数正好为 β 值，沿视线方向定出 C' 点。

（3）盘右位置用同样方法定出 C'' 点。若 C'、C'' 两点不重合，取其中点 C，则 $\angle BAC$ 即是要测设的 β 角。

2. 精确方法

当角度测设精度要求较高时可采用下列方法：

（1）如图 7-2 所示，AB 为已知方向，先用一般测设方法或半测回法测设出 AC 方向并定出 C_1 点。

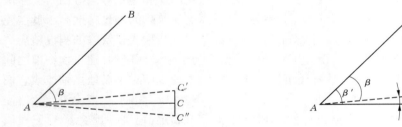

图 7-1　水平角测设的一般方法　　　　　　图 7-2　水平角测设的精确方法

（2）用测回法实测 $\angle BAC_1$（根据需要可测多个测回），计算各测回平均角值 β'，与已知角度的差为 $\Delta\beta = \beta' - \beta$。

（3）计算出垂距 CC_1。

$$CC_1 = AC_1 \tan\Delta\beta \approx \Delta AC_1 \frac{\Delta\beta}{\rho''} \tag{7-1}$$

从 C_1 点沿垂直于 AC_1 方向量取 CC_1，并确定 C 点，$\angle BAC$ 则为欲测设的角。当 $\Delta\beta > 0$ 时，C 点沿 AC_1 的垂线方向向内量垂距 CC_1；当 $\Delta\beta < 0$ 时，向外量垂距 CC_1。

（二）水平距离的测设

水平距离测设不同于距离测量，它是由地面上一个已知点，沿已知方向量取设计的水平距离，定出该段距离的另一端点的地面位置。常用方法为钢尺测设法。

1. 一般方法

从已知点 A 开始，沿已给定的方向 AB，按设计的水平距离用钢尺直接丈量定出直线的终点 B。为了校核和提高精度，应进行往返丈量，相对误差若在限差内，取其平均值作为最终结果。当地面有起伏时，应将钢尺抬高拉平并用垂球投点进行丈量。

2. 精确方法

当测设的精度较高时，用经纬仪定线，按一般方法放样距离。再使用检定过的钢尺，反复丈量，经过对其进行尺长、温度和倾斜三项改正后，精密计算出沿地面应量取的倾斜

距离 L,然后根据计算结果用钢尺沿地面量取距离 L,即

$$L = D - (\Delta L_d + \Delta L_t + \Delta L_h) \qquad (7-2)$$

【例 7-1】 如图 7-3 所示,欲测设 AB 的水平距离 $D = 24.000$ m,现使用名义尺长为 30 m,膨胀系数为 1.2×10^{-5} m/℃,20 ℃时的实长为 29.996 m 的钢尺丈量距离。经概量后,用水准仪测得两点间高差 $h = 0.480$ m,丈量时温度为 26 ℃,拉力为标准拉力。试准确确定 B 点的位置。

【解】 (1)计算欲放样 AB 的长度。

尺长改正 $\qquad \Delta L_d = D\dfrac{\Delta L}{L} = 24 \times \dfrac{-0.004}{30} = -0.003\,2\,(\text{m})$

温度改正 $\qquad \Delta L_t = 1.2 \times 10^{-5} \times (t-20) \times D = 0.001\,7\,(\text{m})$

倾斜改正 $\qquad \Delta L_h = -\dfrac{h^2}{2D} = -\dfrac{0.480^2}{2 \times 24.000} = -0.004\,8\,(\text{m})$

$$L = 24.000 - (-0.003\,2 + 0.001\,7 - 0.004\,8) = 24.006\,3\,(\text{m})$$

(2)确定 B 点的位置。

沿 AB 方向用钢尺量取 24.006 3 m,即得 B 点的设计位置。

(三)高程测设

根据附近的水准点,将设计的高程测设到现场作业面上,称为高程测设。在建筑设计和建筑施工中,为了计算方便,一般把建筑物的室内地坪用 ±0 表示,基础、门窗等标高都是以 ±0 为依据确定的。

1. 水准尺测设法

如图 7-4 所示,安置水准仪于水准点 R 与待测设高程点 A 之间,设水准点高程 $H_R = 24.684$ m,A 点设计高程为 $H_{设} = 25.000$ m,后视 R 点上的水准尺,得后视读数 $a = 1.432$ m,则视线高程 $H_{视} = 24.684 + 1.432 = 26.116\,(\text{m})$;根据视线高程 $H_{视}$ 和待测点的设计高程 $H_{设}$ 可计算出前视读数 $b_{应}$ 为

$$b_{应} = 26.116 - 25.000 = 1.116\,(\text{m})$$

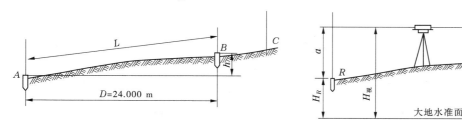

图 7-3　精密方法测设已知距离　　　　　　图 7-4　测设已知高程

此时,在 A 点木桩上立标尺,读取水准尺上度数 b。在木桩侧面沿木桩顶部向下量取 $b_{应} - b$ 的距离并画一横线,该横线即为设计高程的位置。为了醒目,通常在横线下用红油漆画一"▼",若 A 点为室内地坪,则在横线上注明 ±0。

2. 钢尺与水准尺联合测设法(高程引测)

若待测设高程点的设计高程与水准点的高程相差很大,则测设较深的基坑标高或测

设高层建筑的标高,只有水准尺无法进行测设。此时,借助钢尺将地面水准点的高程传递到在基坑底或高楼所设置的临时水准点上,然后再根据临时水准点测设其他各点的设计高程。如图 7-5 所示,欲将地面点 A 的高程传递到基坑临时水准点 B 上,可在基坑一侧架设吊杆,杆上悬挂一把经过检定的钢尺,零点一端向下并悬挂 10 kg 重锤。在地面上和坑内分别安置水准仪,瞄准水准仪和钢尺的读数得 a_1、b_1、a_2、b_2,则 B 点标高为

$$H_B = H_A + a_1 - b_1 + a_2 - b_2 \qquad (7\text{-}3)$$

为了检核,可改变钢尺的悬挂位置,同法再测一次。测设好临时水准点 B 后,可以 B 点为后视点,测设基坑内的其他高程点。

3. 已知坡度直线的测设

在道路、无压排水管道、地下工程、平整场地等工程施工中,都需要测设已知坡度的直线。

如图 7-6 所示,地面点 A 的高程为 H_A,A、B 两点间的水平距离为 D,今欲从 A 点沿 AB 方向测出坡度为 i_{AB} 的直线。测设时,先根据设计坡度 i_{AB} 和水平距离 D 计算 B 点的设计高程 H_B,再按水平距离和高程测设的方法测设出 B 点,此时 AB 直线即为设计坡度线。然后在 A 点安置经纬仪,量取仪器高 i,用望远镜瞄准 B 点的水准尺,当经纬仪中丝读数为 i 时,仪器视线即为平行于设计坡度的直线。只要分别在 1、2、B 处打桩使各木桩上的水准尺的读数均为仪器高 i,这样备桩的桩顶连线为所需的坡度线,即

$$H_B = H_A + i_{AB}D \qquad (7\text{-}4)$$

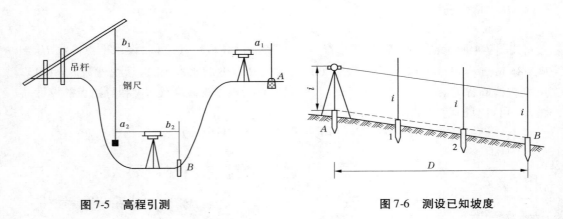

图 7-5 高程引测   图 7-6 测设已知坡度

任务一 直角坐标法、极坐标法测设平面点位

一、任务内容

(一)学习目的

(1)熟悉经纬仪或全站仪的操作。

(2)掌握直角坐标法放样点平面位置的方法。

(3)掌握极坐标法放样点平面位置的方法。

（二）仪器设备

每组 J$_2$ 级经纬仪 1 台、测钎 2 个、皮尺 1 把、记录板 1 个。

（三）学习任务

每组用直角坐标法放样 4 点、用极坐标法放样 2 点。

（四）要点及流程

1. 要点

注意角度的正拨和反拨。

2. 流程

如图 7-7（a）所示，直角坐标法放样出 M、N、P、Q—极坐标法放样出 A、B，见图 7-7（b）。

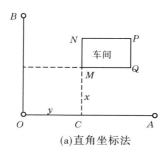
(a)直角坐标法

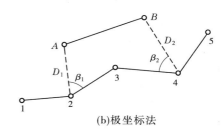
(b)极坐标法

图 7-7　测设平面点位

设 $x = 3$ m，$y = 5$ m，$MQ = 10$ m，$MN = 6$ m，设 $D_1 = 6$ m，$D_2 = 8$ m，$\beta_1 = 30°$，$\beta_2 = 50°$。（说明：考虑实习场地，所采用的是假设数据）

（五）记录

（1）直角坐标法放样平面点位。

角桩点 M 的坐标 $x = $ _____ m，$y = $ _____ m；待测设建筑物的 $MN = $ _____ m，$MQ = $ _____ m。

角桩点 M 的坐标 $x = $ _____ m，$y = $ _____ m；待测设建筑物的 $MN = $ _____ m，$MQ = $ _____ m。

角桩点 M 的坐标 $x = $ _____ m，$y = $ _____ m；待测设建筑物的 $MN = $ _____ m，$MQ = $ _____ m。

（2）极坐标法放样平面点位。

测站点的坐标 $x = $ _____ m，$y = $ _____ m；

后视点的坐标 $x = $ _____ m，$y = $ _____ m。

待放样点 _____ 的坐标 $x = $ _____ m，$y = $ _____ m，

经计算得：测设水平角 $\beta = $ _____，水平距离 $D = $ _____。

待放样点 _____ 的坐标 $x = $ _____ m，$y = $ _____ m，

经计算得：测设水平角 $\beta = $ _____，水平距离 $D = $ _____。

待放样点_____的坐标 $x =$ _____ m，$y =$ _____ m，

经计算得：测设水平角 $\beta =$ _____，水平距离 $D =$ _____。

二、学习内容

测设点的平面位置的常用方法有直角坐标法、极坐标法、方向交会法、距离交会法四种。具体采用哪种方法，应根据施工控制网的布设形式、控制点的分布以及地形和施工现场条件等因素确定。

（一）直角坐标法

如图 7-8 所示，OA、OB 为相互垂直的建筑基线，且平行于建筑物 1234 相应的轴线。已知 1（110，60）、2（110，170）、3（40，170）、4（40，60）。用直角坐标法放样各点的具体步骤如下：

（1）安置经纬仪于 O 点，瞄准 A 点，由 O 点沿视线方向测设水平距离 60 m，定出 a 点，继续向前测设 110 m，定出 b 点。

（2）安置经纬仪于 a 点，瞄准 A 点，左拨 90°角，由 a 点沿视线方向测设 40 m，定出 4 点，再向前测设 70 m，定出 1 点。

（3）安置经纬仪于 b 点，瞄准 A 点，同法定出 3、2 两点。检验测设精度要求如下：

①分别检测 1—2 边，3—4 边及对角线长度。相对精度为 1/2 000 ~ 1/5 000 即可。

②检测建筑物的四个直角，角度误差小于 10″即可。

（二）极坐标法

极坐标法是根据水平角和水平距离测设点平面位置的方法。在控制点与测设点间便于钢尺量距的情况下，采用此法较为适宜。而利用测距仪或全站仪测设水平距离，则没有此项限制，且工作效率和精度都较高。

如图 7-9 所示，$A(x_A, y_A)$、$B(x_B, y_B)$ 为已知控制点，$1(x_1, y_1)$ 为待测设点。极坐标法测设 1 点的步骤如下。

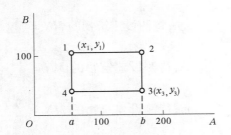

图 7-8　直角坐标法测设

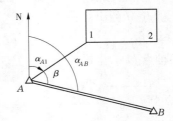

图 7-9　极坐标法测设

1. 计算测设数据

$$\alpha_{AB} = \arctan \frac{y_B - y_A}{x_B - x_A}$$

$$\alpha_{A1} = \arctan \frac{y_1 - y_A}{x_1 - x_A}$$

$$\beta = \alpha_{AB} - \alpha_{A1}$$

$$D_{A1} = \sqrt{(x_1 - x_A)^2 + (y_1 - y_A)^2}$$

2. 点位测设方法

测设时,经纬仪安置在 A 点,后视 B 点,置水平度盘为零,按盘左盘右取中法测设水平角 β,定出 A_1 点方向,沿此方向量取水平距离 D_{A1},则可在地面标定出 1 点。

如果待测设点的精度要求较高,可以利用前述的精确方法测设水平角和水平距离。

(三) 方向交会法

方向交会法是在两个或多个控制点上安置经纬仪,通过测设两个或多个已知水平角交会出待定点的平面位置。当待测设点离控制点较远或不便于量距时采用此法。如图 7-10 所示,A、B、C 为控制点,$P(x_P, y_P)$ 点为待测点,可根据 A、B、C 三个控制点测设 P 点。具体步骤如下。

1. 计算测设数据

根据坐标反算公式计算出 α_{AB}、α_{AP}、α_{BP}、α_{CP}、α_{CB},然后计算 β_1、β_2、β_3。

2. 点位测设方法

分别在 A、B、C 三个控制点上安置经纬仪,测设出 β_1、β_2、β_3 角,方向线 AP、BP、CP 的交点即为待定点 P。若三条方向线不交于一点,会出现一个很小的三角形,称为示误三角形。当示误三角形的边长不超过精度要求范围时,可取示误三角形的重心作为 P 点的点位,否则应重新交会。为了保证交会的精度,交会角应为 $30° \sim 120°$。

(四) 距离交会法

距离交会法是根据两个或两个以上的已知距离交会出待定点的平面位置。如图 7-11 所示,A、B、C 为控制点,1、2 点为待测点。可根据 A、B、C 三个控制点测设 1、2 点。具体步骤如下。

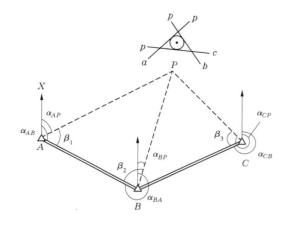

图 7-10　方向交会法测设

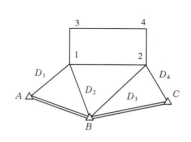

图 7-11　距离交会法测设

1. 计算测设数据

计算测设数据 D_1、D_2、D_3、D_4。

2．点位测设方法

分别以 A、B 为圆心，以 D_1、D_2 为半径画弧交于 1 点，同理分别以 B、C 为圆心，以 D_3、D_4 为半径画弧交于 2 点。

3．检核

1—2 边距离与设计数据比较，误差在允许范围即可。

距离交会法测设点位，操作简单，测设速度快。但必须场地平整，交会距离要小于或等于一整尺长。

任务二　园林建筑物放样——建筑基线的调整

一、学习目的

(1)熟悉使用经纬仪做园林建筑放样的操作。
(2)掌握建筑基线的轴线点的调整方法。

二、仪器设备

每组 J_2 级经纬仪 1 台、测钎 2 个、皮尺 1 把、三角板 1 个、记录板 1 个、计算器 1 个。

三、学习任务

每组调整好一个有 5 个轴线点的"十"字形建筑基线。

四、要点及流程

(一)要点

要精确测量角值，并注意归化值的方向。

(二)流程

如图 7-12 所示，粗略定出长主轴线点 AOB—调整 AOB 位置—O 点架仪器定出短轴线点 C、D—调整 C、D 位置。

(三)公式

$$\delta = \frac{ab}{2(a+b)}\frac{1}{\rho}(180°-\beta), \quad \varepsilon = \frac{s \cdot \Delta\beta}{\rho}$$

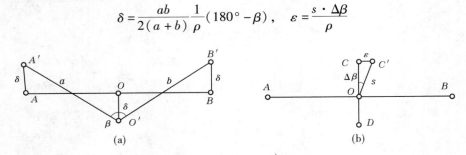

图 7-12　建筑基线的调整

五、记录

（1）水平角 β、$\angle AOC$ 的测量记录如表 7-1 所示。

表 7-1　水平角 β、$\angle AOC$ 的测量记录表

日期：_____　天气：_____　仪器型号：_____　组号：_____
观测者：_____　记录者：_____　立杆者：_____

测点	盘位	目标	水平度盘读数 （° ′ ″）	水平角		示意图
				半测回值 （° ′ ″）	一测回值 （° ′ ″）	

（2）水平距离 a、b、s 测量记录。

直线 a：第一次 = _____ m，第二次 = _____ m，平均 = _____ m。

直线 b：第一次 = _____ m，第二次 = _____ m，平均 = _____ m。

直线 s：第一次 = _____ m，第二次 = _____ m，平均 = _____ m。

（3）计算调整。

经计算得：δ = _____ mm，ε = _____ mm。

任务三　园林建筑物放样——据已有建筑物进行建筑物定位

一、任务内容

（一）学习目的

（1）熟悉使用经纬仪做园林建筑放样的操作。

（2）掌握据已有建筑物进行建筑物角桩测设的方法。

（二）仪器设备

每组 J_2 级经纬仪 1 台、测钎 2 个、皮尺 1 把、记录板 1 个。

（三）学习任务

每组根据一栋已有房屋，测设出一栋待建房屋的四个角桩。

(四)要点及流程

1.要点

要考虑墙厚(轴线离墙 0.24 m);定出建筑物的 4 个角桩后,要进行角度和边长的检核。

2.流程

如图 7-13 所示,由已建建筑物角量取 s ,定 a 、b 两点—延长 ab ,定基线 cd —拨角,量边得角桩 M 、N 、P 、Q—检查 $\angle N$ 、$\angle P$ 及 PN 长(精度要求:长度为 1/5 000 ,角度为 1′)。

设 $s = 1.0$ m, $bc = 3.24$ m, $PN = 8.0$ m, $PQ = 4.0$ m。(说明:考虑实习场地,所采用的假设数据)

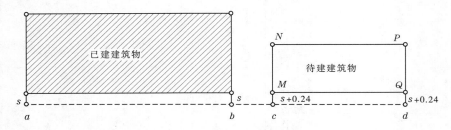

图 7-13 据已有建筑物进行建筑物定位

(五)记录

设轴线离墙 0.24 m,待建建筑物与已建建筑物间距 = _____ m,待建建筑物长 = _____ m,宽 = _____ m。

设置已建建筑物的延长线 s = _____ m,则测设数据:bc = _____ m, bd = _____ m;cM 或 dQ = _____ m, cN 或 dP = _____ m。

二、学习内容

(一)园林建筑施工测量

1.园林工程测量概述

园林工程是指在园林、城市绿地、风景名胜区及保护区中除大型建筑工程外的室外工程,主要包括土方工程、给排水工程、水景工程、园路工程、假山工程、园林建筑设施工程、种植工程、园林供电工程。

园林工程测量是园林工程建设在规划设计、施工和管理过程中所进行的各项测量工作。园林施工测量包括施工控制网的建立,园林建筑物、构筑物的定位,园林地物放样,园林土建工程、绿化工程的施工放样以及竣工测量。

2.建筑场地的施工控制测量

在勘测时期已建立有控制网,但是由于它是为测图而建立的,未考虑施工的要求,控制点的分布、密度和精度都难以满足施工测量的要求。另外,由于平整场地控制点大多被破坏,因此在施工之前,建筑场地上要重新建立专门的施工控制网。

施工控制网包括平面控制网和高程控制网。平面控制网的布设应根据设计总平面图和施工区的地形条件、已有控制点的情况合理布局。对于地形起伏较大的地区可采用 GPS 布网;对于地势平坦但通视条件不好或需定位的、地物比较分散的地区,可布设导线网;在大中型建筑施工场地上,施工控制网多由正方形或矩形格网组成,称为建筑方格网。在面积不大又不十分复杂的建筑场地上,常布置一条或几条基线,作为施工测量的平面控制,称为建筑基线。高程控制网的布设一般选择水准控制网。控制点的密度应以能够为各项工程提供完整的放线为基础。

1)建筑场地的平面控制测量

a. 三角网、导线网

在山区和丘陵地区,常采用三角网作为建筑场地的首级平面控制网。三角网常布设成两级,首级控制网(基本网)用于控制整个场地。基本网按地形条件的不同可采用单三角锁、大地四边形、中点多边形,首级控制点应埋设永久标志。二级控制用以测设建筑物,它是在基本网的基础上加密而成的。

在城市和园区地势较平坦的地区,多采用导线网作为施工平面控制。导线网也布设成两级,首级多为环形,二级加密导线用以测设局部建筑物。

b. 建筑方格网

(1)建筑方格网的坐标系统。设计和施工部门为了工作上的方便,常采用一种独立坐标系统,称为施工坐标系或建筑坐标系。施工坐标系的纵轴通常用 A 表示,横轴用 B 表示,施工坐标也用 A、B 坐标。

施工坐标系的 A 轴和 B 轴,应与厂区主要建筑物或主要道路、管线的方向平行。坐标原点设在总平面图的西南角,使所有建筑物和构筑物的设计坐标均为正值。施工坐标系与国家测量坐标系之间的关系,可用施工坐标系原点的测量系坐标来确定。在进行施工测量时,上述数据由勘测设计单位给出。

(2)建筑方格网的布置。

①建筑方格网的布置和主轴线的选择。建筑方格网的布置,应根据建筑设计总平面图上各建筑物、构筑物、道路及各种管线的布设情况,结合现场的地形情况拟定。布置时应先选定建筑方格网的主轴线,然后再布置方格网。方格网的形式可布置成正方形或矩形。当场区面积较大时常分两级。首级可采用"十"字形、"口"字形或"田"字形,然后加密方格网。当场区面积不大时,尽量布置成方格网。如图 7-14 所示,布网时方格网的主轴线布设在场地的中部,并与主要建筑物的基本轴线平行。方格网的折角应严格为 90°。方格网的边长一般为 100 ~ 200 m;矩形方格网的边长视建筑物的大小和分布而定,为了便于使用,边长尽可能为 50 m 或其整倍数。方格网的边应保证通视且便于测距和测角,点的标志应能长期保存。

②确定主点的施工坐标。建筑方格网的主轴线是建筑方格网扩展的基础。当施工区域范围大时,主轴线很长,一般只测设其中的一段。主轴线的定位点称做主点。主点的施工坐标一般由设计单位给出,也可在总平面图上用图解法求得一点的施工坐标后,再按主轴线的长度推算其他主点的施工坐标。

③求算主点的测量坐标。当施工坐标系与国家测量坐标系不一致时,在施工方格网测设之前,应把主点的施工坐标换算为测量坐标(见图 7-15),以便求算测设数据。

$$\left.\begin{aligned}\Delta x &= A_P\cos\alpha - B_P\sin\alpha \\ \Delta y &= A_P\cos\alpha + B_P\cos\alpha\end{aligned}\right\} \tag{7-5}$$

$$\left.\begin{aligned}X_P &= X_{O'} + A_P\cos\varepsilon - B_P\sin\alpha \\ Y_P &= Y_{O'} + A_P\sin\varepsilon + B_P\cos\alpha\end{aligned}\right\} \tag{7-6}$$

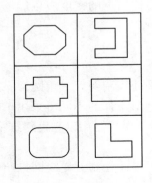

图 7-14 建筑方格网

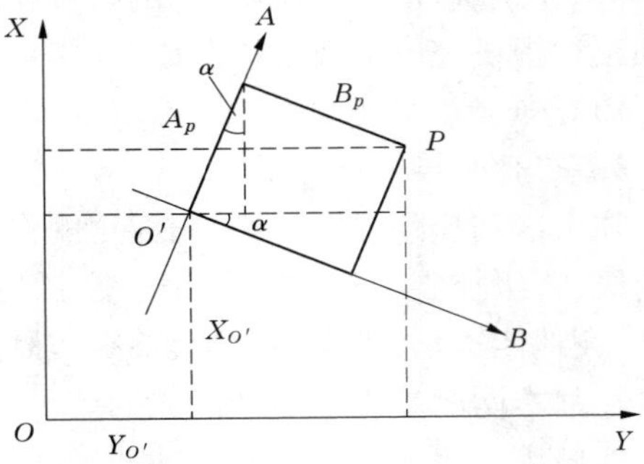

图 7-15 坐标转换

④建筑方格网主点的测设。如图 7-16 所示，1、2、3 为施工控制网的控制点，A、O、B 为建筑方格网的主轴线。根据 1、2、3、A、O、B 点的坐标计算放样数据（距离、角度），并分别在 1、2、3 点放样 A、O、B 点。由于测量误差的影响，A、O、B 点可能不在同一条直线上。因此，需将仪器安置在 O 点上测量∠AOB。若∠AOB 与 180°之差超过 10″，则应对 A、O、B 三点进行调整（见图 7-17），即同时调整 A、O、B 点直至 A、O、B 点在一条直线上。

$$e = \frac{D_{AO}D_{BO}}{2(D_{AO} + D_{BO})\rho''}\Delta\beta \tag{7-7}$$

如图 7-18 所示，测设与 AOB 轴相垂直的另一轴线 COD。安置经纬仪于 O 点，照准 A 分别顺拨、逆拨 90°，按设计距离在地面上定出 C′、D′点。精确测量∠AOC′、∠AOD′，若它与 90°之差大于 5″，则需调整 C′、D′点。

$$CC' = OC'\tan(90^\circ - \delta) = OC'\frac{90^\circ - \delta}{\rho''} \tag{7-8}$$

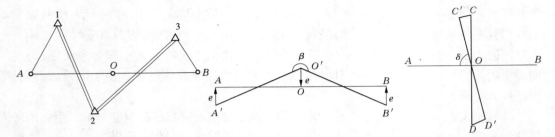

图 7-16 建筑方格网主点的测设

图 7-17 主轴线的调整

图 7-18 主轴线的放样

将 C′沿垂直于 OC′方向量取 CC′距离确定 C，同理定出 D 点。最后检测∠COD，其值应与 180°之差不超过 10″。

⑤建筑方格网点的测设。主轴线测设好以后，分别在主轴线端点安置经纬仪，均以 D

点为起始方向,分别顺拨、逆拨90°,交会出"田"字形,构成基本方格网,再一步步加密完成方格网的测设。

⑥建筑基线的布置。建筑基线的布置也是根据建筑物的分布、场地的地形和原有控制点的状况而选定的。建筑基线应靠近主要建筑物,并与其轴线平行,以便采用直角坐标法进行测设,通常可布置成"一"字形、"L"字形、"T"字形、"十"字形几种形式,如图7-19所示。为了便于检查建筑基线点有无变动,基线点数不应少于3个。

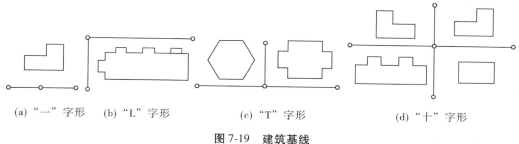

(a)"一"字形　(b)"L"字形　　　(c)"T"字形　　　(d)"十"字形

图7-19　建筑基线

2)施工高程控制网

在建筑场地,水准点的密度应尽可能满足安置一次仪器即可测设出所需的高程点。而测绘地形图时敷设的水准点数量往往不够,有时精度也不能满足施工要求。因此,必须重新建立高程施工控制网。一般情况下,建筑方格网点也可兼作高程控制点,只要在方格网点桩面上中心点旁边设置一个突出的半球状标志即可。当场地较大时,高程控制网可分级布设。

(1)首级高程控制点。首级高程控制点是施工场地高程控制的基本水准点,应远离施工场地布设,这样点位稳定,不受施工的影响,便于施测,能永久保存。在一般建筑场地,通常埋设三个基本水准点,采用四等水准测量方法布设闭合水准路线测定施工高程控制点的高程;而对连续生产的车间或下水管道等,则需采用三等水准测量的方法测定施工高程控制点的高程。

(2)施工高程控制点。施工高程控制点也叫施工水准点,直接用于建筑物、构筑物的高程放样。为了测设方便,水准点应靠近建筑物、构筑物,但要避开施工运输路线、材料堆放场地并易于恢复。

3. 园林建筑物、构筑物的施工测量

1)测设的准备工作

(1)熟悉图样。设计图样是施工测量的主要依据。在测设之前,应熟悉建筑物的各种设计图样。与测设有关的图样主要有:

①建筑总平面图。建筑总平面图是测设建筑物总体位置的依据,从总平面图上可以查明设计建筑物与原有建筑物的平面位置和高程的关系,或了解建筑物的设计坐标和高程。

②建筑平面图。建筑平面图给出建筑物的总尺寸和内部各定位轴线之间的尺寸关系。

③基础平面图。基础平面图给出基础轴线间的尺寸关系和编号。基础详图(即基础

大样图）给出基础设计宽度、形式及基础边线与轴线的尺寸关系。

④立面图和剖面图。立面图和剖面图给出基础、地坪、门窗、楼板、屋架和屋面等设计高程，是高程测设的主要依据。

（2）现场踏勘。踏勘的目的是了解施工场地的地物、地貌和原有测量控制点的分布情况，并实地检测水准点高程，校核平面控制点和水准点的点位。

（3）制订测设方案，计算测设数据。根据施工场地的现状和设计数据拟订测设方案，绘制测设草图，计算测设数据。对各设计图样的有关尺寸及测设数据应仔细核对，检查验算放样数据。

2）园林建筑物、构筑物定位

建筑物定位是把建筑物外轮廓轴线的交点标定到地面上，并以此作为基础测设和细部测设的依据。由于定位条件不同，可根据施工控制网布设的具体情况，利用测量控制点、建筑方格网、建筑基线（或建筑红线）定位，也可利用已有建筑物、构筑物的位置关系定位，并灵活应用直角坐标法、极坐标法、方向交会法、距离交会法等测设方法。

a. 根据控制点定位

（1）直角坐标法。当建筑物的外轮廓轴线平行或垂直于建筑方格网、建筑基线或导线边时，可直接采用直角坐标法进行定位。

【例 7-2】 如图 7-20 所示，建筑基线 A、O、B 平行于拟建建筑物 $EFGH$，点位坐标见表 7-2，试确定测设方案。

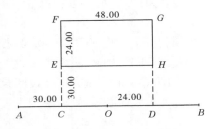

图 7-20 直角坐标法放样建筑物 （单位：m）

表 7-2 点位坐标 （单位：m）

控制点点号	纵坐标	横坐标	建筑物角点点号	纵坐标	横坐标
A	230.00	230.00	E	260.00	260.00
O	230.00	284.00	F	284.00	260.00
B	230.00	340.00	G	284.00	308.00
			H	260.00	308.00

①计算放样数据（见表 7-3），绘制放样详图（见图 7-20）。

②测设步骤。安置经纬仪于 A 点，照准 B 点定向，从 A 点沿 AB 方向量取 30.00 m 在地面上标定 C 点，同理从 O 点沿 AB 方向量取 24.00 m，得到 D 点并标定到地面上。在 C 点安置经纬仪照准 B 点定向，照准部逆时针转动 90°，确定放样方向，经纬仪水平制动，沿

视线方向从 C 点量取 30.00 m 确定 E 点,从 E 点量取 24.00 m 确定 F 点。同理,在 D 点放样 H 点和 G 点。一般的园林建筑物距离放样精度应小于 1/5 000。

③检核。检核最弱边 FG 和 EH 与其设计值的相对精度不低于 1/2 000。最弱角 $\angle EFG$、$\angle FGH$ 与 90°之差应小于 60″。若检核结果超限,则调整相应点的位置,反复检验至它们满足设计要求。

（2）极坐标法。极坐标法是一种常用的测设方法。极坐标法使用方便灵活,操作步骤简便,但计算较烦琐。

表 7-3　放样数据　　　　　　　　　　　　　　　　　　　（单位:m）

放样边	放样距离	放样边	放样距离
AC	30.00	EF	24.00
OD	24.00	DH	30.00
CE	30.00	HG	24.00

【例 7-3】　如图 7-21 所示,A、B 为已知控制点,拟放样建筑物 $EFGH$。点位坐标见表 7-4,试确定测设方案。

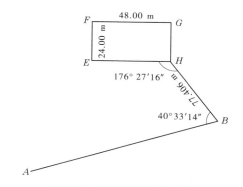

图 7-21　极坐标法放样建筑物

表 7-4　点位坐标　　　　　　　　　　　　　　　　　　　（单位:m）

控制点点号	纵坐标	横坐标	建筑物角点点号	纵坐标	横坐标
A	144.678	123.595	F	284.00	260.00
B	243.654	232.340	G	284.00	308.00
E	260.00	260.00	H	260.00	308.00

①计算放样数据（见表 7-5）,绘制放样详图（见图 7-21）。

②测设步骤。安置经纬仪于 B 点,照准点 A 定向,此时盘左水平度盘读数为 0°00′00″,顺时针拨 40°33′14″,确定 BH 方向,沿 BH 方向量取 77.406 m,得到 H 点并标定到地面上。搬站,将经纬仪安置于 H 点,照准 B 点定向。顺时针拨 176°27′16″,确定放样方向 HE,沿视线方向从 H 点量取 48.00 m 确定 E 点。再顺时针拨 90°至水平度盘读数为

$266°27'16''$,确定放样方向 HG,沿视线方向从 H 点量取 24.00 m 标定 G 点。搬站,将经纬仪安置于 E 点,照准 H 点定向。逆时针拨 $90°$,确定放样方向 EF,沿视线方向从 E 点量取 24.00 m 确定 F 点。

③检核。检核最弱边 FG 与其设计值的相对精度不低于 $1/2\,000$,最弱角 $\angle EFG$、$\angle FGH$ 与 $90°$ 之差应小于 $60''$。若检核结果超限,则调整相应点的位置,反复检验至它们满足设计要求。

表 7-5　放样数据

放样距离	放样数据(m)	放样角度	放样数据(°　′　″)
BH	77.406	$\angle ABH$	40　33　14
HE	48.00	$\angle BHE$	176　27　16
HG	24.00	$\angle BHG$	266　27　16
EF	24.00	$\angle HEF$	90　00　00

b. 根据已有地物定位

在规划范围内若保留了原有建筑物或道路。当测设精度要求不高时,拟建建筑物(图 7-22 中的实线建筑物)可根据现有建筑物(图 7-22 中带阴影的建筑物)或道路中心线的位置关系定位。图 7-22(a)为拟建建筑物与原有建筑物平行。测设时先用细绳沿墙体 DA、CB 延长适当的距离(根据具体情况延长 1~4 m),得到 A'、B' 点。在 A' 点安置经纬仪,照准 B' 点定向(也可在 B' 点安置经纬仪,照准 A' 点定向,倒镜即可得 $A'B'$ 延长线方向),根据设计数据在 $A'B'$ 延长线上确定 E'、F' 点。分别在 E'、F' 点安置经纬仪用直角坐标法放样建筑物的角点,并检验放样精度直到满足设计要求。

图 7-22(b)、(c)、(d)的放样方法与图 7-22(a)的相同。

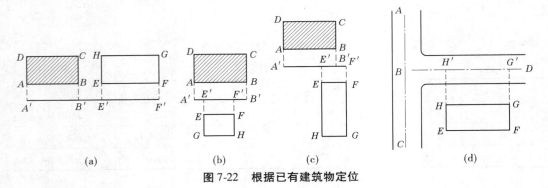

图 7-22　根据已有建筑物定位

3)园林建筑物放线

在建筑物定位之后,定位出的建筑物外廓轴线即为建筑物的详细放样提供了平面控制基础。测设的轴线交点桩(或称角桩)在开挖基础时将被破坏。施工时,为了能方便地恢复各轴线的位置,一般是把轴线延长到安全地点,并做好标志。延长轴线的方法有以下两种。

(1)测设轴线控制桩。轴线控制桩设置在基槽外基础轴线的延长线上(见图 7-23),

作为开槽后各施工阶段确定轴线位置的依据。轴线控制桩离基础外边线的距离根据施工场地的条件而定。如果附近已有建筑物,也可将轴线投射在建筑物的墙上。为了保证控制桩的精度,施工中往往将控制桩与定位桩一起测设,有时先测设控制桩,再测设定位桩。

（2）测设龙门桩。龙门桩法适用于一般小型的民用建筑物,为了方便施工,在建筑物四角与隔墙两端基槽开挖边线以外 1.5 ~2 m 处钉设龙门桩。桩要钉得竖直、牢固,桩的外侧面与基槽平行。根据建筑场地的水准点,用水准仪在龙门板上测设建筑物 ±0.000 标高线。根据 ±0.000 标高线把龙门板钉在龙门桩上,使龙门板的顶面在一个水平面上,且与 ±0.000 标高线一致。用经纬仪将各轴线引测到龙门板上,如图 7-24 所示。采用挖掘机开挖基槽时,为了不妨碍挖掘机工作,一般只测设控制桩,不设置龙门桩和龙门板。

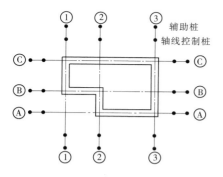

图 7-23　测设轴线控制桩

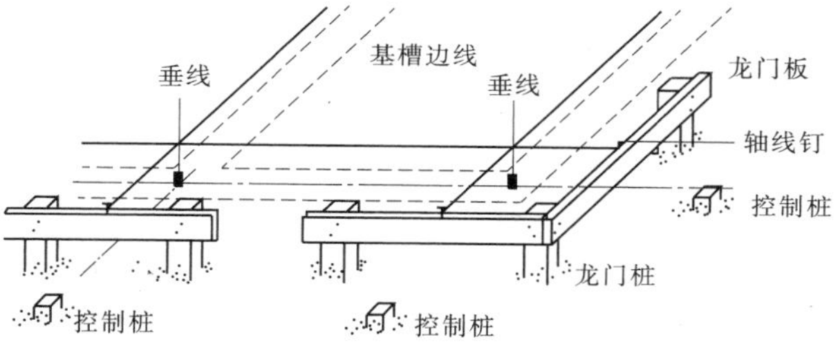

图 7-24　测设龙门桩

4）基础施工放样

轴线控制桩测设完后,即可进行基槽开挖等工作。基础施工中的测量工作主要有以下两个方面:

（1）基槽开挖深度的控制。基础开挖前,根据轴线控制桩（或龙门板）的轴线位置和基础宽度,并顾及基础挖深应放坡的尺寸,地面上用白灰放出基槽边线（或称基础开挖线）。开挖基槽时,要随时注意挖土的深度,不得超挖基底。当基槽挖到离槽底 0.300 ~ 0.500 m 时,用水准仪在槽壁上每隔 2~3 m 和拐角处钉一水平桩（又叫腰桩）,使桩的上表面离设计槽底为整分米的倍数,并注明其下反数,用以控制挖槽深度。必要时,可在水平桩的上表面拉上白线绳,作为清理槽底和铺设垫层的依据,如图 7-25（a）所示。水平桩高程测设允许误差为 ±5 mm。

（2）在垫层上投测墙中心线。如图 7-25（b）所示,基础垫层完工后,根据轴线控制桩或龙门板上的轴线钉,用经纬仪或拉挂垂球的方法把轴线投测到垫层上,并标出墙中心线和基础边线,检查合格后即可砌筑基础。

（3）基础墙体标高控制。房屋基础墙（ ±0.000 以下的墙体）的高度是利用基础皮数杆控制的。基础皮数杆是一根方木板（见图 7-26（a））,在杆上按照设计尺寸、砖的厚度和灰缝厚度画出线条,并标明 ±0.000、防潮层和需要留洞口的标高位置等。基础皮数杆的层数是从 ±0.000 向下注记。立基础皮数杆时,先在立杆处钉一木桩,侧面用水准仪测出一条高于垫层标高某一数值的水平线,然后将皮数杆上相同的一条标高线对齐木桩上的水平线,并把皮数杆和木桩钉在一起,立好的皮数杆就是砌各层基础墙的依据。

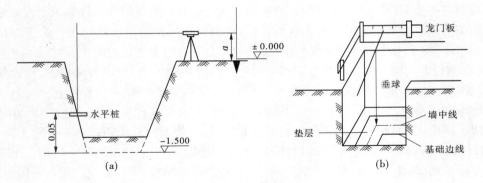

图 7-25　基础施工放样

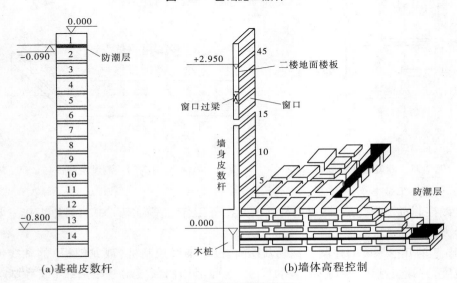

(a)基础皮数杆

(b)墙体高程控制

图 7-26　墙体的标高控制

　　（4）基础墙顶面标高的检查。基础施工结束后,应检查基础墙顶面的标高是否符合设计要求。可用水准仪测出基础墙顶面的若干点的高程,并与设计高程比较,容许误差为±5 mm。

　　5）墙体施工放样

　　a.墙体定位

　　利用轴线控制桩或龙门板上的轴线钉和墙边线标志,用经纬仪或拉线悬吊垂球的方法,将轴线投测到基础顶面或防潮层上,然后用墨线弹出墙中心线和边线。检查外墙轴线交点是否为直角,检查合格后把墙轴线延伸并画在墙基上,做好标志,如图 7-27 所示,作为向上投测轴线的依据。同时把门、窗、其他洞口的边线画在外墙基础里面上。

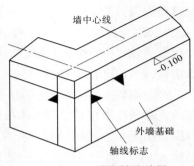

图 7-27　墙体轴线放样

· 144 ·

b. 墙体高程控制

在墙体施工中,墙身各部位高程通常也用皮数杆控制。墙身皮数杆上根据设计尺寸,在砖、灰缝厚度处画出线条,标明 ±0.000、门、窗、楼板等的标高位置(见图 7-26(b))。立墙身皮数杆的方法与基础皮数杆类似。测设 ±0.000 标高线的容许误差为 ±3 mm。一般在墙体砌起 1 m 以后,就在室内墙身上定出 +0.5 m 的标高线,作为该层地面施工及室内装修的依据。在一层砌砖完成后,根据室内 +0.5 m 标高线,用钢尺向墙上端测设垂距,测设出比搁置楼板板底设计高程低 0.10 m 的标高线,并在墙上端弹出墨线,控制找平层顶面标高,以保证吊装的楼板板面平整,便于地面抹平的施工。

首层楼板搁置灌缝后,便可进行二层的抄平放线。以后各层的抄平放线方法都与首层类似,其差异在于如何投测轴线和传递高程。

c. 轴线投测与标高传递

(1)轴线投测。

①吊垂线法。投测轴线的最简便方法是吊垂线法。吊垂线法是将垂球悬吊在楼板或柱顶边缘,当垂球尖对准基础上的定位轴线时,垂线在楼板或柱边缘的位置即为楼层轴线的端点位置,画短线作标志;同样投设轴线另一端点,两端点的连线即为定位轴线。同样方法可设其他轴线,经检查其间距后即可继续施工。当有风或建筑物层数较多,用垂球投线的误差过大时,可用经纬仪投测。

②经纬仪投点法。安置经纬仪于轴线控制桩或引桩上(见图 7-28(a)),仪器严格整平后,用望远镜盘左位置照准墙脚上标志轴线的红三角形,固定照准部,然后抬高望远镜,照准楼板或柱顶,根据视线在其边缘标记一点,再用望远镜盘右位置,同样在高处再标定一点,如果两点不重合,则取两点连线的中点,即为定位轴线的端点;同法再投设轴线另一端点,根据两端点弹上墨线,即为楼层的定位轴线。定位轴线确定后应用钢尺检验其距离与设计值的相对精度应不低于 1/2 000 ~ 1/5 000。如果根据此定位轴线吊装该层框架结构的柱子,可同时用两台经纬仪校正柱子的垂直度。

当楼层逐渐增高,而轴线控制桩距建筑物又较近时,望远镜的仰角较大,操作不便,投测精度将随仰角的增大而降低。为此,要将原中心轴线控制桩引测到更远的安全地方,或者附近大楼的屋顶上。

经纬仪在使用前一定要经过严格检校,尤其是照准部水准管轴应严格垂直于竖轴,作业时要仔细整平。为了减小外界条件(如日照和大风等)的不利影响,投测工作以在阴天及无风天气进行为宜。

③激光铅垂仪投测法。高层建筑的施工可采用激光铅垂仪向上投测地面控制点(见图 7-28(b))。首先将激光铅垂仪安置在地面控制点上,进行严格对中、整平,接通激光电源,起辉激光器,即可发射出铅直激光基准线,在楼板的预留孔上放置绘有坐标网的接收靶,激光光斑所指示的位置,即为地面控制点的铅直投影位置。

(2)标高传递。标高传递是指建筑物的相对高程系统传递到不同工作面上,常采用的方法有:

①皮数杆法。皮数杆法是在每层砌好后以首层皮数杆起逐层向上传递。

②悬吊钢尺法。为了将底层高程向上传递(见图 7-29),在地面水准点上竖立水准

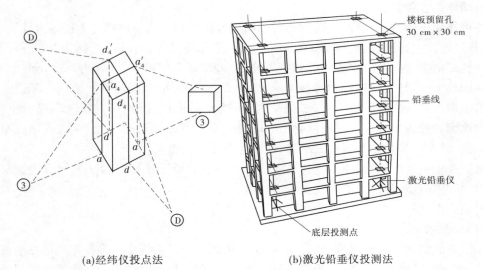

(a)经纬仪投点法　　　　　　　　(b)激光铅垂仪投测法

图 7-28　建筑物轴线投测

尺,沿墙悬吊检验过的钢尺,钢尺底端挂一重锤,在地面和相应的楼面上安置水准仪,通过水准仪的观测将高程向上传递。

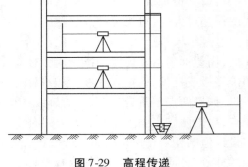

③钢尺直接投测法。钢尺直接投测法是在有竖直面可利用的情况下,直接用钢尺沿竖直面量取高度来完成高程的上下传递。

(二)曲线形园林建筑物的测设

在园林建筑中,为了增强艺术的表现力,提高观赏性,往往将一些亭、台、阁、水榭等设计为规则或不规则的几何图形,这些建筑物

图 7-29　高程传递

的定位要根据几何曲线的数学表达式或点位的坐标以及施工现场的放线条件和给定的定位条件,选择适当的测设方法。

曲线形园林建筑物的种类繁多,如圆弧、椭圆、双曲线、抛物线、螺旋线、反向曲线等。放样方法各不相同,在此仅介绍圆弧形和椭圆形建筑物的测设。

1. 圆弧形建筑物的测设

圆弧形建筑物的定位可采用偏角法、切线支距法、直接拉线法、圆弧拨角法、拱高法和极坐标法,该部分主要讲述后四种方法。

1)直接拉线法

直接拉线法的施工方法简单,适用于测设圆弧半径小的建筑物。放样时,先根据设计总平面图定出建筑物的中心位置和主轴线,利用已有控制点放样出圆心的位置,再根据圆弧的设计半径,将钢尺零端套住中心桩另一端画弧即可得到圆弧。

2)圆弧拨角法

当圆弧半径大于一整尺长,且圆心能够安置仪器时可采用圆弧拨角法。如图 7-30 所

· 146 ·

示,A、B 为已知控制点,首先根据圆弧的设计数据计算出用极坐标法从圆心 O 点以及从圆心 O 点放样圆弧上各等分点的放样数据(圆心角),然后将经纬仪安置在 B 点放样出圆心 O 点,再将经纬仪安置在 O 点,放样出 1、2、3、4、5、6、7 点。最后对放样的圆弧上相邻点的距离进行检验。

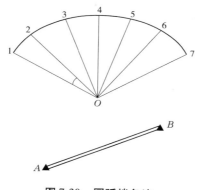

图 7-30　圆弧拨角法

3)拱高法

当建筑场地小,而曲线半径较大,圆心不能直接测设时,采用拱高法比较简单,且能够获得较高的精度。

【例 7-4】　图 7-31 为一圆弧建筑物的平面,圆弧半径 $R = 90$ m,弦长 $EF = 40$ m,放样步骤如下:

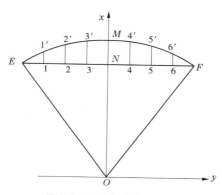

图 7-31　拱高法放样圆弧

(1)计算放样数据。

①建立坐标系。以圆弧所在圆的圆心为坐标原点,建立 xOy 平面直角坐标系,圆弧上任一点的坐标应满足

$$x^2 + y^2 = R^2$$

②计算圆弧分点的坐标:从 E 点开始以 y 每隔 5 m 的直线分割弦和弧分别得到 1、2、3、N、4、5、6 点和 1′、2′、3′、M、4′、5′、6′点。将各分点的横坐标代入上式中得到各分点的纵坐标为

$$x_{1'} = x_{6'} = \sqrt{90^2 - 15^2} = 88.741(\mathrm{m})$$

$$x_{2'} = x_{5'} = \sqrt{90^2 - 10^2} = 89.443(\mathrm{m})$$

$$x_{3'} = x_{4'} = \sqrt{90^2 - 5^2} = 89.861(\mathrm{m})$$

弦上各交点的纵坐标都相等,即

$$x_1 = x_2 = \cdots = x_6 = \sqrt{R^2 - NF^2} = \sqrt{90^2 - 20^2} = 87.750(\mathrm{m})$$

③计算拱高,确定放样数据(见表7-6)。

$$11' = 66' = 88.741 - 87.750 = 0.991(\mathrm{m})$$

$$22' = 55' = 89.443 - 87.750 = 1.693(\mathrm{m})$$

$$33' = 44' = 89.861 - 87.750 = 2.111(\mathrm{m})$$

$$MN = 90 - 87.750 = 2.250(\mathrm{m})$$

表7-6 放样数据

弦分点	1	2	3	N	4	5	6
弧分点	1′	2′	3′	M	4′	5′	6′
弦距	−15	−10	−5	0	5	10	15
拱高(m)	0.991	1.693	2.111	2.250	2.111	1.693	0.991

(2)放样步骤。

①测设 E、F 点。根据设计总平面图的要求,选择合适的控制点,计算放样数据,将 E、F 点测设到地面上。

②确定弦分点、弧分点。以 EF 为 y 轴用直角坐标法或勾股定理定位各弦分点和弧分点。

4)极坐标法

如果建筑物轴线长、半径、弦长均比较大,或因地形条件无法采用上述三种方法时可选择极坐标法(见图7-32)。

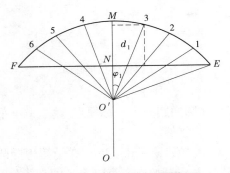

图 7-32 极坐标法放样圆弧

首先按上例计算出弦高、拱高,放样 E、F 点。确定 EF 的中点 N,在垂直于 EF 的方向 MN 上根据施工现场条件选择安置仪器的 O' 点,量取 NO' 的距离。再根据弦距、拱高和

NO'计算出各点的极坐标φ、d。最后在O'点安置经纬仪,以M点定向,测设圆弧上的各点,以E、F点检验放样精度。

2. 椭圆形建筑物的测设

椭圆形平面的建筑物具有平面布局紧凑、立面较活泼、富有动态感等优点,较多地适用于公共建筑,尤其在体育性建筑、娱乐性建筑和会议厅、展示厅中使用较多。椭圆形平面的体育馆,能够使观众获得良好的视觉效果,在各个方位的席位都具有良好的清晰度,能获得比较均匀的深度感和高度感。

从几何学可知,平面内一动点到两定点F_1、F_2的距离之和等于常数的轨迹为椭圆。两定点F_1、F_2称为焦点,两焦点之间的距离称为焦距,取$F_1F_2 = 2c$,$M(x,y)$为椭圆上任一点,a,b分别为长、短半轴。椭圆的标准方程为

$$\frac{x^2}{a^2} + \frac{y^2}{b^2} = 1 \quad (a > b > 1)$$

在测量坐标中则为

$$\frac{x^2}{b^2} + \frac{y^2}{a^2} = 1 \quad (a > b > 1) \tag{7-9}$$

且

$$c = \sqrt{a^2 - b^2}$$

椭圆形平面的施工放样方法很多,常用的方法有直接拉线法、直角坐标法、中心极坐标法、全站仪任意设站极坐标法。

1) 直接拉线法

直接拉线法适用于椭圆形平面尺寸较小的建筑物,具有操作简单、施工放样速度快的优势。

【例7-5】 某雕像的基座形状为椭圆形(见图7-33),采用直接拉线法放样的步骤如下:

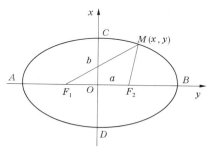

图7-33 直接拉线法

(1) 根据总平面设计图确定雕像的基座中心点O的位置和主轴线AB、CD的方向。根据已知的长、短轴及曲线设计参数计算焦距c值,并计算出椭圆的焦点位置。

(2) 正确放样F_1和F_2位置。

(3) 在焦点F_1和F_2处建立较为稳固的木桩或水泥桩。

(4) 找细铁丝一根,其长度等于$F_1C + F_2C$,将铁丝的两端固定于F_1、F_2上,然后用圆的铁棍或木棍套上细铁丝后在长轴两边画曲线,即可得到一条符合设计要求的椭圆形

曲线。

用直接拉线法作椭圆形平面曲线的现场施工放线,应注意以下问题:

(1)两焦点上设置的桩位置应准确,设置应稳固,施工中要妥善保护。

(2)所用拉线材料不应有伸缩性,在描绘曲线过程中应始终拉紧,避免时紧时松的现象。

在施工现场作图除直接拉线法外,还可采用同心圆法和四心圆法,其施测方法与几何作图法相同,故在此不再叙述。

2)直角坐标法

由于地形起伏不平,椭圆所占面积大,不适合现场直接作图,则需用椭圆的标准方程求得曲线上需测设点的坐标,再利用直角坐标法测得曲线的实地位置。

【例 7-6】 图 7-34 为某椭圆形会议厅,其长半轴为 40 m,短半轴为 30 m,放样步骤如下:

(1)计算放样数据。

①建立坐标系。分别以与椭圆的短轴和长轴为 x、y 轴,以长、短轴的交点为原点,建立 xOy 平面坐标系。由椭圆方程可知椭圆上任一点应满足

$$x = \pm \frac{b}{a} \sqrt{a^2 - y^2}$$

②计算弧分点的坐标。图 7-34 以每隔 4 m 垂直于 y 轴的直线分割椭圆,并与椭圆相交,由于椭圆的对称性,在此仅举第一象限的弧分点 1~9 点。表 7-7 为椭圆测设数据。

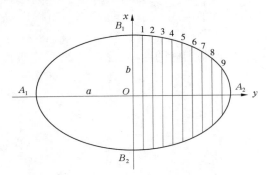

图 7-34 直角坐标法放样椭圆

表 7-7 椭圆测设数据

弦分点	1	2	3	4	5	6	7	8	9
y(m)	4	8	12	16	20	24	28	32	36
x(m)	29.850	29.394	28.617	27.495	25.981	24.000	21.424	18.000	13.077

(2)实地放样。

①根据总平面图和地面控制点的位置,放样出椭圆形平面的中心位置 O 点和主轴线 A_1A_2、B_1B_2。

②在 O 点安置经纬仪用直角坐标法将各弧分点及其控制桩在地面上标定出来。

3）中心极坐标法

中心极坐标法是将经纬仪安置在椭圆中心 O 点,根据设计要求以 z 轴为起始方向每隔一定的 θ 角,测设相应的椭圆上的点到椭圆中心 O 点的距离 D,即

$$D = \sqrt{\dfrac{1}{\left(\dfrac{\cos k\theta}{a}\right)^2 + \left(\dfrac{\sin k\theta}{b}\right)^2}} \quad (k = 1, 2, \cdots) \quad (7\text{-}10)$$

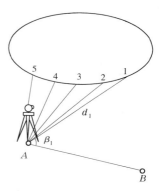

图 7-35　全站仪任意设站极坐标法

4）全站仪任意设站极坐标法

在施工中,椭圆中心不能安置仪器时可采用任意设站极坐标法测设椭圆上各分点(见图 7-35)。该方法使用灵活,设站自由,但计算量大。首先要根据设计数据计算椭圆上各分点的坐标,再根据已知控制点和测站点的坐标,解算出需放样的角度、距离(计算时需建立统一的坐标系),最后将椭圆上各点测设到地面上。

任务四　园林道路定位放样——圆曲线主点及偏角法详细测设

一、任务内容

（一）学习目的

（1）熟悉经纬仪的使用。

（2）掌握圆曲线主点测设方法。

（3）掌握偏角法进行圆曲线详细测设方法。

（二）仪器设备

每组 J_2 级经纬仪 1 台、钢尺 1 把、测钎 2 个、记录板 1 个。

（三）学习任务

每组放样出 1 个圆曲线主点（ZY、QZ、YZ），如图 7-36 所示,以及 2 个整桩号点。

（四）要点及流程

1. 要点

复杂的平曲线测设最终都化解为基本的水平角、距离测设。

2. 流程

（1）主点测设:如图 7-36 所示,在 JD 点架仪器—瞄准测设方向—量取 T、T、E,得主点 ZY、YZ、QZ。

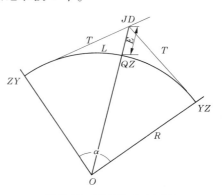

图 7-36　圆曲线主点测设

（2）偏角法详细测设:在 ZY 点或 YZ 点架仪器—瞄准 JD—拨角 Δ、量边 C。

（五）记录

（1）主点要素计算。

已知圆曲线的 $R = 200$ m，$\alpha = 15°$，交点 JD 里程为 K10 + 110.88 m（说明：考虑实习场地，所采用的假设数据），则经计算得：

切线长 $T =$ _____ m，曲线长 $L =$ _____ m，外距 $E =$ _____ m，切曲差 $D =$ _____ m。

各主点里程：ZY 点 $=$ _____，YZ 点 $=$ _____，QZ 点 $=$ _____，JD 点 $=$ _____。

（2）偏角法测设数据（试按每 10 m 一个整桩号，长弦整桩号法），见表 7-8。

表 7-8　偏角法测设数据记录表

桩号	偏角值 Δ_i （° ′ ″）	弦长 C_i （m）	测设示意图

二、学习资料

（一）园路工程概述

园路是贯穿园林的交通网络，是联系园内各景区的纽带。园路起到组织交通、引导游览、划分空间、构成园景的作用。

1. 园路的分类

1）园路按其主要用途分类

（1）园景路。园景路是指依山傍水或有着优美植物景观的游览性园林道路，适宜游人漫步游览和赏景，如林荫道、花径、竹径等。

（2）园林公路。园林公路是指以交通功能为主的通车园路，一般采用公路形式，如环湖公路、盘山公路。

（3）绿化街道。绿化街道是指分布在城市街区的绿化道路。

2）园路按其重要性和级别分类

园路分类与技术标准见表7-9。

表 7-9　园路分类与技术标准

分类		路面宽度（m）	游人步道（路肩）(m)	车道宽度（m）	路基宽度（m）	车速（km/h）	说明
园路	主园路	6.0~7.0	≥2.0	2	8~9	20	
	次园路	3~4	0.8~1.0	1	4~5	15	
	小径	0.8~1.5	—	—	—	—	
	专用道	3.0	≥1	1	4		

（1）主园路。主园路是风景区的主要道路，从园林景区入口通向全园各主景区、广场、观景点、管理区，形成全园的骨架和环路，组成导游的主干线，并能适应园内管理车辆的通行要求。

（2）次园路。次园路是主园路的辅助道路，呈支架状连接各景区内景点和景观建筑，路宽可为主园路的一半，自然曲度大于主园路，以优美舒展和富有弹性的曲线线条构成有层次的风景画面。

（3）小径。小径是园路系统的最末端，是供游人休憩、散步、游览的通幽曲径。

（4）专用道。用于防火、园务等。

2. 园路测量的基本内容

园路测量是为道路的规划、设计、施工和运营服务的，其主要工作包括勘查选线、中线测量、纵横断面测量及道路、路基、边坡的放样。

1）勘查选线阶段

勘查选线阶段是园路工程的开始阶段，一般内容包括图上选线、实地勘查和方案论证。

园路选线本着美观、舒适、方便、节约的原则，力求做到因景制宜，因势造景，顺从地形，保护园林绿地的自然景观，有机地与园林各类景观相结合，尽量不占或少占景观用地，避开不良地质地段，确保游人安全。

2）园路工程的勘测阶段

园路工程的勘测通常分初测和定测两个阶段。初测的主要任务是控制测量和带状地形图、纵断面图的测绘；收集沿线地质、水文等资料；作纸上定线或现场定线，编制比较方案，为初步设计提供依据。定测阶段的主要任务是将定线设计的公路中线放样于实地；进行园路的纵、横断面测量，桥涵、路线交叉、沿线设施、环境保护等测量和资料调查，为施工图设计提供资料。

3）道路工程的施工放样阶段

根据施工设计图样及有关资料，在实地放样道路工程的边桩、边坡及其他的有关点位，指导施工，保证道路工程建设顺利进行。

4）工程竣工运营阶段的监测

对竣工工程要进行竣工验收,测绘竣工平面图和断面图,为工程运营做准备。在运营阶段,还要监测工程的运营状况,评价工程的安全性。

（二）道路中线测量

中线测量就是将道路中心线标定在实地上。中线测量主要包括测设中心线起点、终点,各交点(JD)和转点(ZD),测量道路各转角(α),测设曲线等(见图7-37)。

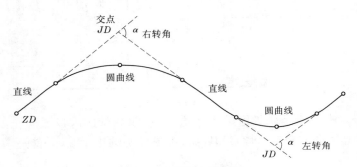

图 7-37　道路中线测量

1.道路交点和转点的测定

道路的转折点称为交点,它是布设线路、详细测设直线和曲线的控制点。对于低等级的道路,常采用一次定测的方法直接在现场测设出交点的位置。对于等级高的道路或地形复杂的地段,一般先在初测的带状地形图上进行纸上定线,然后实地标定交点位置。

定线测量中,当相邻两交点互不通视或直线较长时,需要在其连线上测定一个或几个转点,以便在交点测量转折角和直线量距时作为照准和定线的目标。直线上一般每隔200～300 m 设一转点,此外,在线路与其他线路交叉处,以及线路上需设置构筑物(如桥、涵等)时也要设置转点。

1）交点的测设

由于定位条件和现场情况的不同,交点测设的方法也需灵活多样,工作中应根据实际情况合理选择测量方法。

（1）根据地物测设交点。根据交点与地物的关系测设交点。如图7-38 所示,交点 JD 的位置已在地形图上确定,可在图上量出交点到两房角和高压电力铁塔的距离,在现场根据相应的房角和高压电力铁塔,用距离交会法测设出交点 JD。

（2）根据导线点和交点的设计坐标测设交点。根据附近导线点和交点的设计坐标,反算出有关测设数据,按极坐标法、角度交会法或距离交会法测设出交点。图7-39 是根据导线点 Ⅰ、Ⅱ和 JD 三点的坐标,反算出方位角和距离 D,按极坐标法测设交点 JD。

2）转点的测设

当相邻两交点不通视时,需要在其连线或延长线上测设一点或数点,以供测设时使用,这样的点称为转点(ZD)。转折点的测设方法如下:

（1）在两交点间测设转点。如图7-40 所示,JD_1、JD_2 点为相邻而互不通视的两个交点,在 JD_1、JD_2 两点间选择一点 ZD',该点与 JD_1、JD_2 点通视。安置仪器于 ZD'点照准

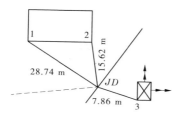

图 7-38　根据地物测设交点

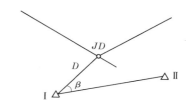

图 7-39　根据导线点测设交点

JD_1 倒镜,用正倒镜分中法延长直线 JD_1—ZD' 至 JD'_2。量取 JD_2、JD'_2 两点间的距离 f,用视距法测定 JD_1、ZD' 与 JD_2 之间的距离,按下式计算 ZD'

$$e = \frac{a}{a+b}f$$

按 e 值确定 ZD。将仪器安置于 ZD 点,按上述方法逐渐趋近,直至 ZD 在 JD_1 点与 JD_2 点的连线上。

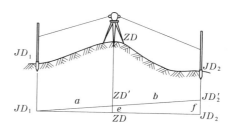

图 7-40　在两交点间测设转点

(2)延长线上测设转点。如图 7-41 所示,JD_5、JD_6 互不通视,可在其延长线上初定转点 ZD'。在 ZD' 点处安置经纬仪,用正倒镜照准 JD_5,水平制动,俯视 JD_6,两次取中得到中点 JD'_6。用视距法定出 a、b,则 ZD' 横向移动的距离可按下式计算

$$e = \frac{a}{a-b}f$$

将 ZD' 按值移至 ZD。重复上述方法,直至符合要求。

2. 道路转角的测定

转角又称偏角,是线路由一个方向偏转到另一方向时所夹的角度。转角分为左转角和右转角(见图 7-42),通常是观测线路的右角,并按下式计算转角:

当 $\beta < 180°$ 时

$$\alpha_右 = 180° - \beta \quad (右转角)$$

当 $\beta > 180°$ 时

$$\alpha_左 = \beta - 180° \quad (左转角)$$

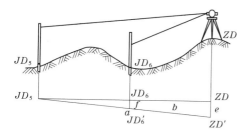

图 7-41　延长线上测设转点

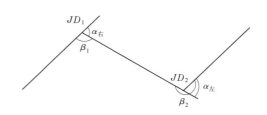

图 7-42　左、右转角示意图

观测 β 时应采用两个半测回观测,两个半测回间应变换度盘位置,其观测角之差应满足在 JD_2 点 $\leq 20''$、在 JD_1 点 $\leq 30''$。

3.里程桩的设定

里程桩是用桩号的形式表示该桩沿线路中线到线路起点的水平距离,以 km + m 的形式表示。线路起点里程桩号为 K0 + 000,若 JD 到沿线路中线到线路起点的距离为 2 346.8 m,则 JD 的里程桩号为 K2 + 346.8。

线路中线上设置里程桩的作用:一是标定线路的长度;二是进行线路中线测量和测绘纵横断面图。测设里程桩的工作主要是定线、量距、打桩。里程桩分为整桩和加桩。整桩是从线路起点开始每隔一定的距离设一桩。加桩是在相邻整桩之间线路穿越的重要地物处及地面坡度变化处增设的桩。因此,加桩有地形加桩、地物加桩、曲线加桩和关系加桩。

为避免测设中的错误,量距一般用钢尺丈量两次,精度为 1/1 000。在钉桩时,对于交点桩、转点桩、距线路起点每隔 500 m 处的整桩、重要地物加桩(如桥、隧道位置桩)以及曲线主点,都要打下断面为 6 cm×6 cm 的方桩,桩顶露出地面约 20 cm,在其旁边钉一指示桩,指示桩为板桩。交点桩的指示桩应钉在曲线圆心和交点的连线外,距交点 20 cm 的位置,字面朝向交点。曲线主点的指示桩字面朝向圆心。其余的里程桩一般使用板桩,一半露出地面,以便书写桩号,字面一律背向线路前进方向。

在测量中有时因为量距错误、计算错误或局部改线,使线路长度变长或变短,造成里程桩号与实际距离不相符,这种现象叫做断链。当里程桩号小于实际里程时为长链,反之为短链。

设置里程桩时尽量避免短链产生,做到及时发现,及时更正。当发现较晚时做断链处理,即在断链处改用新桩号,其他不变地段仍用老桩号,并在新、老桩号变更处钉一断链桩,分别注明新、老两种里程。如新 K1 + 213.45 = 老 K1 + 220,短链 6.55 m。

(三)圆曲线测设

当线路由一个方向转向另一个方向时,必须用曲线来连接。曲线的形式有多种,如圆曲线、缓和曲线及回头曲线等。下面主要介绍圆曲线。圆曲线是最常用的一种平面曲线,又称单曲线,一般分两步放样:先测设出圆曲线的主点,即圆曲线的起点(ZY)、中点(QZ)和终点(YZ);然后在主点间进行加密,称做圆曲线细部放样。

1.圆曲线主点的测设

1)圆曲线的主点

如图 7-43 所示,JD 为交点,即两直线相交的点;ZY 为直圆点,按线路前进方向由直线进入曲线的分界点;QZ 为曲中点,为圆曲线的中点;YZ 为圆直点,按线路前进方向由圆曲线进入直线的分界点。

2)圆曲线的要素及其计算

如图 7-43 所示,T 为切线长,为交点至直圆点或圆直点的长度;L 为曲线长,即圆曲线的长度;E 为外矢距,为 JD 至 QZ 的距离。

α、R 为计算曲线要素的必要资料。α 可由外业直接测出,亦可由纸上定线求得,R 为设计时采用的曲线半径。圆曲线要素的计算公式如下:

切线长

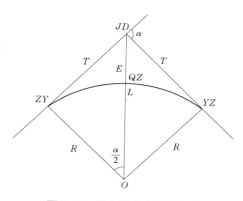

图 7-43 圆曲线主点及其要素

$$T = R\tan\frac{\alpha}{2} \qquad\qquad (7\text{-}11)$$

曲线长

$$L = R\alpha\frac{\pi}{180°} \qquad\qquad (7\text{-}12)$$

外矢距

$$E = R\sec\frac{\alpha}{2} - R \qquad\qquad (7\text{-}13)$$

切曲差

$$D = 2T - L \qquad\qquad (7\text{-}14)$$

3)圆曲线主点的里程计算

一般情况下,JD 点的里程由中线丈量求得,根据线路的转角、设计半径,计算圆曲线要素,从而推出各主点的里程。由图 7-43 可知:

ZY 桩号 = JD 里程 $- T$

YZ 桩号 = ZY 里程 $+ L$

QZ 桩号 = 里程 $- L/2$

JD 桩号 = QZ 里程 $+ D/2$(检核)

【例 7-7】 已知 JD 点的里程为 K2 +421.56,圆曲线设计半径为 50 m,转角(右转角)为 43°51′15″,计算各主点的里程。

【解】 (1)计算圆曲线的要素。

$$T = R\tan\frac{\alpha}{2} = 50 \times \tan\frac{43°51′15″}{2} = 20.13(\text{m})$$

$$L = R\alpha\frac{\pi}{180°} = 38.27(\text{m})$$

$$E = R\sec\frac{\alpha}{2} - R = 3.90(\text{m})$$

$$D = 2T - L = 1.99(\text{m})$$

(2)计算圆曲线主点的里程。

JD 桩号	K3 +421. 56
$-T$	20. 13
ZY 桩号	K3 +401. 43
$+L$	38. 27
YZ 桩号	K3 +439. 70
$-L/2$	19. 14
QZ 桩号	K3 +420. 56
$+D/2$	1. 00
JD 桩号	K3 +421. 56（计算无误）

4）圆曲线主点的测设

如图 7-44 所示，在交点（JD）上安置经纬仪，瞄准直线Ⅰ方向上的一个转点，在视线方向上量取切线长 T 得 ZY 点；瞄准直线Ⅱ方向上的一个转点，量 T 得 YZ 点；将视线转至内角平分线上量取 E，用盘左、盘右分中得 QZ 点。在 ZY、QZ、YZ 点均要打方木桩，其上钉小钉以示点位。为保证主点的测设精度，以利曲线详细测设，切线长度应往返丈量，其相对较差不大于 1/2 000 时，取其平均位置。

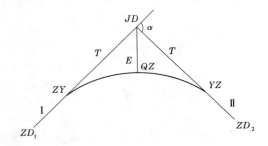

图 7-44　圆曲线主点的测设

2. 圆曲线的详细测设

施工时还需要测设出除圆曲线主点外的若干点，称为圆曲线的详细测设。常用的详细测设方法有切线支距法和偏角法。

曲线上中桩宜为整米桩，且根据曲线设计半径 R 的大小不同选择相应的桩距 Z 放样弧长。当 $R \geqslant 60$ m 时，$l = 20$ m；当 30 m $< R <$ 60 m 时，$l = 10$ m；当 $R \leqslant 30$ m 时，$l = 5$ m。表 7-10 为园路内侧平曲线半径参考值。

表 7-10　园路内侧平曲线半径参考值

园路类型	设计半径（m）	最小设计半径（m）
游览小道	3. 5 ~ 20. 0	2. 0
次园路	6. 0 ~ 30. 0	5. 0
主园路	10. 0 ~ 50. 0	8. 0

1）偏角法

偏角法（极坐标法）是利用弦切角和弦长交会的方法放样圆弧线。通常以 ZY、YZ 为测站,分别测设 $ZY—QZ$ 和 $YZ—QZ$ 曲线段,并闭合于 QZ 作检核。

计算曲线放样元素。如图 7-45 所示,ZY 到 P_1 点为首段弧,弧长 l_1,弦长为 d_1,对应的偏角为 ϕ_1,中间各桩距为 l,弦长为 d,偏角为 ϕ,末端零弧段弧长为 l_2,弦长为 d_2,对应的偏角为 ϕ_2。

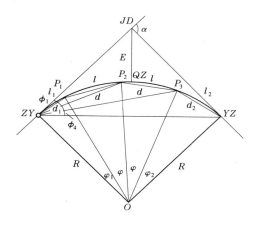

图 7-45 偏角法计算放样元素

圆心角

$$\left.\begin{aligned}
\varphi_1 &= \frac{l_1}{R}\frac{180°}{\pi} \\
\varphi &= \frac{l}{R}\frac{180°}{\pi} \\
\varphi_2 &= \frac{l_2}{R}\frac{180°}{\pi}
\end{aligned}\right\} \tag{7-15}$$

偏角

$$\left.\begin{aligned}
\phi_1 &= \frac{\varphi_1}{2} \\
\phi_2 &= \frac{\varphi_1}{2} + \frac{\varphi}{2} \\
\phi_3 &= \frac{\varphi_1}{2} + \frac{\varphi}{2} + \frac{\varphi}{2} = \frac{\varphi_1}{2} + \varphi \\
&\quad\vdots
\end{aligned}\right\} \tag{7-16}$$

弦长

$$\left.\begin{aligned}
d &= 2R\sin\frac{\varphi}{2} \\
d_1 &= 2R\sin\frac{\varphi_1}{2} \\
d_2 &= 2R\sin\frac{\varphi_2}{2}
\end{aligned}\right\} \tag{7-17}$$

【**例 7-8**】 如图 7-46 所示,欲用偏角法测设设计半径为 50 m,转角为 43°51′15″(右转角),JD 点里程桩号为 K2 + 421.56,整桩距为 10 m 的圆曲线。试计算放样数据。

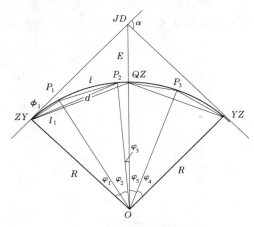

图 7-46　偏角法放样圆曲线

【解】　(1)计算偏角法测设圆曲线的放样数据,并填入表 7-11。

表 7-11　偏角法测设数据计算

已知参数	转角 43°51′15″(右),设计半径 R = 50 m,交点里程 K2 + 421.56,桩间距 l = 10 m					
曲线元素	切线长 T = 20.13 m,曲线长 L = 38.27 m,外矢距 E = 3.90 m,切曲线 D = 1.99 m					
主点里程	ZY 里程 = K3 + 401.43,QZ 里程 = K3 + 420.56,YZ 里程 = K3 + 439.70					
主点名称	桩号	圆心角 (°　′　″)	偏角 (°　′　″)	相邻弧长 (m)	弦长 (m)	说明
ZY	K3 + 401.43		0 00 00			
P_1	K3 + 410	09 49 14	04 54 37	8.57	8.56	
P_2	K3 + 420	11 27 33	10 38 24	10	9.93	
QZ	K3 + 420.56	0 38 30	10 57 38	0.56	0.56	检核:$\Sigma\phi$ = 43°51′15″
YZ	K3 + 439.70					
P_3	K3 + 430	11 06 55	05 33 28	9.70	9.64	
QZ	K3 + 420.56	10 49 03	10 51 00	9.44	9.38	

(2)放样步骤。

①将经纬仪安置在 ZY 点上,盘左照准 JD 将水平度盘置零。

②转动照准部,顺时针拨角 4°54′37″,从测站点沿视线方向量取弦长 8.56 m,钉桩并在桩顶确定 P_1 点位。

③继续拨角至 10°38′24″,从 P_1 量取弦长 9.93 m,与视线相交于 P_2 点,钉桩并在桩顶确定 P_2 点位。

④继续拨角至 10°57′38″,从 P_2 点量取弦长 0.56 m,与视线相交于 QZ 点。

⑤检核从 ZY 点放样的 QZ 点和从 JD 点放样的 QZ 点若不重合,应满足:横向误差

（顺半径方向）≤ ±0.1 m,纵向误差（切线方向）≤$L/2\ 000$。

⑥安置经纬仪于 YZ 点,盘左照准 JD 将水平度盘置零。转动照准部,拨角 $354°26'32''$,从测站点沿视线方向量取弦长 9.64 m,钉桩并在桩顶确定 P_3 点位。

⑦继续拨角至 $349°09'00''$,从 P_3 点量取弦长 9.38 m,与视线交于 QZ 点。

⑧检核方法同⑤,若放样精度不合格,反复放样直至合格。若满足精度要求但三点不重合,则取三角形重心为 QZ 点的位置。

2）切线支距法

切线支距法（直角坐标法）是以 ZY 或 YZ 为坐标原点,以 ZY（或 YZ）的切线为 x 轴,切线的垂线为 y 轴。x 轴指向 JD,y 轴指向圆心 O。如图 7-47 所示,曲线点的测设坐标按下式计算

$$x_i = R\sin\varphi_i \tag{7-18}$$
$$y_i = R(1 - \cos\varphi_i) \tag{7-19}$$
$$\varphi_i = \frac{L_i}{R}\frac{180°}{\pi} \tag{7-20}$$

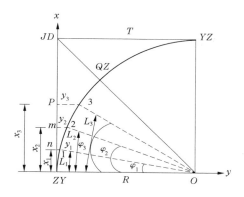

图 7-47　切线支距法

放样的具体步骤如下:

（1）根据曲线加桩的计算数据,用钢尺从 ZY（或 YZ）向交点 JD 方向量取 $x_1,x_2,\cdots$ 横距,垂足为 n、m、P。

（2）在各垂足依次定出 ZY（或 YZ）与 JD 的垂线,在垂线上分别量取 $y_1,y_2,\cdots$ 纵距,得曲线上各桩点。

（3）丈量各桩点之间的弦长,以校核放样精度。

3）任意设站法

当曲线弯度较大,通视条件差时,测设时曲线上需多次安置仪器,这样误差积累大,此时可选择在曲线以外的较高点安置仪器,采用任意设站法测设曲线。

测设时以 ZY 为原点,$ZY—JD$ 方向为 x 轴,$ZY—O$ 方向为 y 轴,建立直角坐标系。由设计半径 R,转角 α 计算曲线上各里程桩的坐标。选择适当的点安置仪器,用后方交会测得测站点的坐标。根据测站点和曲线上各点的坐标,以极坐标法放样点位。

3.遇障碍物时圆曲线的测设

由于地形条件的限制,交点无法安置仪器或放样时视线受阻等,圆曲线放样不能用一般方法进行,此时应根据现场的具体情况采用相应的措施。

1)交点虚交

当交点位于河流、深沟、峭壁、建筑物中,或由于线路转角过大使切线太长,交点不便测设时,可用辅助点代替交点,此种现象称做虚交。

如图 7-48 所示,交点 JD（P）位于河流中不能测设,因而转角 α 也就无法直接测定。此时只能采用间接方法测量转角,计算曲线元素并进行主点测设。测设步骤如下:

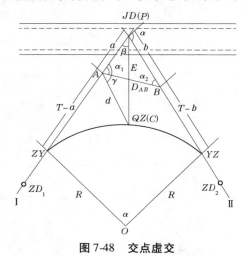

图 7-48　交点虚交

（1）在 ZD_1 点安置仪器照准直线 I 方向倒镜,在视线方向上选择一点 A 打桩钉钉,A 点需与直线 II 上的 B 点通视,且易于量距。

（2）在 ZD_2 点安置仪器照准直线 II 方向倒镜,在视线方向上选择一点 B 打桩钉钉,B 点需与直线 I 上的 A 点通视,且易于量距。

（3）在 A 点安置仪器,盘右照准 ZD_1,水平度盘置零。倒镜照准 B,测得 $\angle PAB = \alpha_1$。

（4）同理,测得 $\angle PBA = \alpha_2$,那么转角 $\alpha = \alpha_1 + \alpha_2$。

（5）丈量 AB 的距离,用正弦定理计算边长得 a、b 值。根据设计半径 R、转角 α,计算曲线各元素。在 $\triangle PAC$ 中,已知 $\beta = (180° - \alpha)/2$,两边长为 E、a,用余弦定理计算边长 d,根据正弦定理计算 $\angle PAC = \gamma$。

（6）将在 A 点安置的仪器,后视直线 I 上转点桩 ZD_1,水平度盘置零,沿此方向由 A 量取（$T - a$）,即得 ZY 点。倒镜,转动仪器置水平度盘读数为 γ 时制动,沿视线方向量取距离 d 即得到 QZ 点。同理,在 B 点可测设出 YZ 点。

若 A、B 两点无法通视时,可在 A、B 两点间布设一条导线（见图 7-49）,实际测量导线的边长、转折角,并以 A 为原点,直线 I 方向为 x 轴,设方位角 $\alpha_{AP} = 0$,则直线 PB 的方位角 $\alpha_{PB} = \alpha$,这样可计算 a、b 值,即

$$a = x_B - \frac{y_B}{\tan\alpha}$$

$$b = \frac{y_B}{\sin \alpha}$$

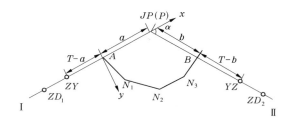

图 7-49　导线法测设辅助交点

然后计算曲线放样元素,曲线主点放样方法同上。

2)偏角法测设圆曲线时视线遇障碍物

如图 7-50 所示,在 ZY 点安置经纬仪测设了 1、2 点,当测设 3 点时由于建筑物遮挡不通视,此时将仪器安置于 2 点上,盘右以 0°00′00″后视 ZY 点,倒镜后直接拨角 θ_3,用钢尺量出 2~3 倍的弦长与视线相交于 3 点,继续拨角 θ_4,θ_5,…,可定出其余各点。

3)曲线起点或终点不能安置仪器

当曲线起点(或终点)受地形条件的限制无法安置仪器时,不能从曲线起点或终点进行曲线详细测设。如图 7-51 所示,ZY 点落入湖中,测设时:

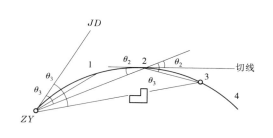

图 7-50　偏角法测设(视线遇障碍物)　　**图 7-51　起点或终点不能安置仪器**

(1)首先在 JD(P)点安置仪器测设出 YZ 点,顺时针拨角 α + 180°,确定 PA 方向。

(2)在 PA 方向上选一点 D,使 D 与 YZ 点通视。

(3)安置仪器于 YZ 点,测得 β_2,那么 $\beta_1 = \alpha - \beta_2$。由正弦定理可得 JD 与 D 之间的距离 D_{PD} 为

$$D_{PD} = \frac{T \sin \beta_2}{\sin \beta_1} \tag{7-21}$$

(4)以 O 为原点,O—YZ 方向为 x 轴,ZY—JD 方向为 y 轴建立直角坐标。在 PA 方向上,从 JD(P)量取 $T - Y_Q$,并在该点垂直于 PA 方向上量取 X_Q,得曲线上 Q 点,同理测设各曲线点。

任务五 园林道路定位放样——水准仪法道路纵、横断面测量

一、任务内容

（一）学习目的
（1）熟悉水准仪的使用。
（2）掌握线路纵断面测量方法。
（3）掌握线路横断面测量方法。

（二）仪器设备
每组自动安平水准仪 1 台、塔尺 2 把、皮尺 1 把、花杆 2 个、记录板 1 个。

（三）学习任务
每组完成约 100 m 长的直线纵断面测量及 2 个横断面测量任务。

（四）要点及流程
1. 要点

纵、横断面测量要注意前进的方向及前进方向的左、右。

2. 流程

如图 7-52 所示，在 BM_1 与 BM_2 之间测各桩号高程，进行纵、断面测量—测量 K0+020、K0+060 两个桩号的横断面点 1、2、3 。

图 7-52 水准仪法道路纵、横断面测量

（五）记录
线路中桩纵、横断面测量外业记录表见表 7-12、表 7-13。

二、学习内容

（一）线路纵断面测量

线路纵断面测量又称线路水准测量，它的任务是测定中线上各里程桩的地面高程，绘制中线纵断面图，作为设计线路坡度、计算中桩填挖尺寸的依据。根据测量工作的基本原则，线路水准测量分两步进行：首先在线路方向上设置水准点，建立高程控制，称为基平测量；其次根据各水准点高程，分段进行中桩水准测量，称为中平测量。基平测量的精度要高于中平测量，一般按四等水准测量的精度；中平测量只作单程观测，按普通水准测量精度。

· 164 ·

表 7-12　线路中桩纵断面测量外业记录表

日期：_____　天气：_____　仪器型号：_____　组号：_____
观测者：_____　记录者：_____　司尺者：_____

测点及桩号	水准尺读数（m）			视线高（m）	高程（m）
	后视	中视	前视		

表 7-13　线路中桩横断面测量外业记录表

日期：_____　天气：_____　仪器型号：_____　组号：_____
观测者：_____　记录者：_____　司尺者：_____

左侧（m）	桩号	右侧（m）
……$\dfrac{高差}{平距}$		$\dfrac{高差}{平距}$……

1. 基平测量

1）水准点的布设

高程控制点在勘测设计和施工阶段甚至工程运营阶段都要长期使用。因此，水准点应选在地基稳固、易于联测以及施工时不易被破坏的地方。水准点要埋设标石,也可设在永久性建筑物上,或将金属标志嵌在基岩上。

永久性水准点在较长线路上一般应每隔 25～30 km 布设一点;在线路起点和终点、大桥两岸、隧道两端,以及需要长期观测高程的重点工程附近均应布设。临时水准点的布设密度应根据地形复杂情况和工程需要而定。在丘陵地区和山区,每隔 0.5～1 km 布设一个,在平原和丘陵地区,每隔 1～2 km 布设一个。此外,在中小桥梁、涵洞以及停车场等地段均应布设。较短的线路上一般每隔 300～500 m 布设一点。

2) 基平测量

基平测量时,首先应将起始水准点与国家高程基准进行联测,以获得绝对高程。在沿线途中,也应尽量与附近国家水准点进行联测,以便获得更多的检核条件。若线路附近没有国家水准点,也可以采用假定高程基准。其一般要求为

$$W_容 = \pm 30\sqrt{L} \quad 或 \quad W_容 = \pm 9\sqrt{n}$$

对大桥两岸或隧道出口处的水准点应达到如下精度

$$W_容 = \pm 20\sqrt{L} \quad 或 \quad W_容 = \pm 5\sqrt{n}$$

2. 中平测量

中平测量即线路纵断面测量,是从一个水准点出发,逐个测定中线桩的地面高程,附合到下一个水准点上构成一条附合水准路线。测量时,在每一测站上首先读取后、前两转点 TP_1、TP_2 的标尺读数,再读取两转点间所有中线桩地面点(中间点)的标尺读数,中间点的立尺由后司尺员来完成。由于转点起传递高程的作用,因此转点标尺应立在尺垫、稳固的桩顶或坚石上,尺上读数读至 mm,视距一般不应超过 100 m。中间点标尺读数读至 cm,要求尺子立在紧靠桩边的地面上。如果利用中线桩作转点,应将标尺立在桩顶上,并记录桩高。

当线路跨越河流时,还需测出河床断面、洪水位高程和正常水位高程,并注明时间,以便为桥梁设计提供资料。

如图 7-53 所示,由 BM_1 到 BM_2 段线路的中平测量,其步骤如下:

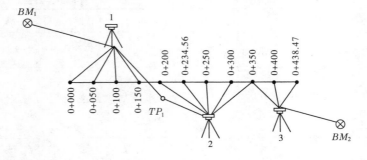

图 7-53　中平测量

(1)水准仪安置于测站 1 上,后视水准点 BM_1,前视转点 TP_1,将观测结果分别记入表 7-14中"后视读数"和"前视读数"栏内。

表 7-14 纵断面测量记录表

测站	点号与桩号	后视读数（m）	中视读数（m）	前视读数（m）	视线高程（m）	高程（m）	说明
1	BM_1	1.687			25.249	23.562	已知高程
	0 + 000		1.52			23.73	
	0 + 050		1.43			23.82	
	0 + 100		1.38			23.87	
	0 + 150		1.27			23.98	
	TP_1			0.691		24.558	转点
2	TP_1	1.835			26.393	24.558	
	0 + 200		1.65			24.74	
	0 + 234.56		1.58			24.81	左侧 22 m 处有水井
	0 + 250		1.43			24.96	
	0 + 300		1.15			25.24	
	0 + 350			0.947		25.446	
3	0 + 350	1.740			27.186	25.446	
	0 + 400		1.37			25.82	
	0 + 438.47		1.28			25.91	ZY
	BM_2			1.074		26.112	已知高程 26.110
辅助计算	$\sum a - \sum b = 5.262 - 2.712 = 2.55$(m)，$H_{BM2} - H_{BM1} = 2.550$(m)， $W_测 = H_{BM2测} - H_{BM2} = 0.002$(m)，$W_容 = \pm 50\sqrt{0.965} = \pm 49$(mm)，符合精度要求						

（2）将标尺依次立于 0 + 000，0 + 050，0 + 100，0 + 150 各中线桩处的地面上，将读数分别记入表 7-14 中"中视读数"栏内。

（3）仪器搬至测站 2，后视转点 TP_1，前视中桩点 0 + 350，然后观测其间中桩点，用同法继续向前观测，直至附合到水准点 BM_2，完成附合路线的观测工作。每一测站的各项计算依次按下列公式计算

$$视线高程 = 后视点高程 + 后视读数$$
$$转点高程 = 视线高程 - 前视读数$$
$$中桩高程 = 视线高程 - 中视读数$$

各站记录后应立即计算各点高程，判断测量精度是否满足如下要求：

$$W_h \leqslant W_容 = \pm 50\sqrt{L} \quad (\text{mm})$$

纵断面测量时应注意如下事项：

（1）防止漏测或重复测量，记录时要特别注意核对桩号。

（2）水准尺应立在中桩附近能够真实反映地面高程处。

（3）安置仪器于两转点间的距离大致相等处，以减小仪器误差的影响。

（二）纵断面图的绘制及施工量计算

纵断面图是以中桩的里程为横坐标，以其高程为纵坐标，沿中线方向绘制地面起伏和纵坡变化的现状图。

为了明显地表示地面起伏，一般取高程比例尺较里程比例尺大 10 倍或 20 倍。高程按比例尺注记，但要参考其他中线桩的地面高程确定原点高程在图上的位置，使绘出的地面线处在图上适当位置。纵断面图一般自左至右绘制在透明毫米方格纸的背面，这样可以防止用橡皮修改时把方格擦掉。

图 7-54 是道路工程的纵断面图。图的上半部从左至右绘有贯穿全图的两条线。细折线表示中线方向的地面线，根据中平测量的中线桩地面高程绘制；粗折线表示纵坡设计线。此外，上部还注有以下资料：水准点编号、高程和位置；竖曲线示意图及其曲线参数；涵洞的类型、孔径和里程桩号；与其他线路工程交叉点的位置、里程桩号和有关说明等。图的下部表格注记以下有关测量和纵坡设计的资料：在图样左面自下而上各栏填写线型（直线和曲线）、桩号、填挖值、地面高程，设计高程、坡度和距离等。

（1）在"桩号"一栏中，自左至右按规定的里程比例尺注上各中线桩的桩号；在"地面高程"一栏中注上对应于各中线桩桩号的地面高程，并在纵断面图上按各中线桩的地面高程依次绘出其相应的位置，用细直线连接各相邻点位，即得中线方向的地面线。

（2）在"线型"（"直线和曲线"）一栏中，按里程桩号标明线路的直线部分和曲线部分。曲线部分用直角折线表示，上凸表示线路右偏，下凹表示线路左偏，并注明交点编号及其桩号，注明曲线参数。

（3）在上部地面线部分，根据实际工程的专业要求进行纵坡设计。设计时，一般要考虑施工时土石方工程量最小、填挖方尽量平衡及小于限制坡度等与线路工程有关的专业技术规定。

（4）在"坡度和距离"一栏内，分别用斜线或水平线表示设计坡度的方向，线的上方注记坡度数值（按百分点注记），下方注记坡长。水平线表示平坡。不同的坡段以竖线分开。设计坡度为

$$设计坡度 = （终点设计高程 - 起点设计高程）\div 平距$$

（5）在"设计高程"一栏内，填写相应中线桩处的路基设计高程。

$$设计高程 = 起点高程 + 设计坡度 \times 起点至该点的平距$$

（6）在"填挖值"一栏内，进行施工量的填挖计算。

$$填挖值 = 地面高程 - 设计高程$$

"+"为挖深，"-"为填高。地面线与设计线相交的点为不填不挖处，称为零点。零点也标以桩号，可由图上直接量得，以供施工放样时使用。

（三）横断面测量

横断面测量是测定各中心桩两侧垂直于线路中线的地面高程，可供路基设计、计算土石量及施工放边桩之用。横断面测量的宽度根据实际工程要求和地形情况而确定，一般在中线两侧各测 15~50 m，距离和高差分别准确到 0.1 m 和 0.05 m 即可满足要求。因此，横断面测量多采用简易的测量工具和方法，以提高工效。

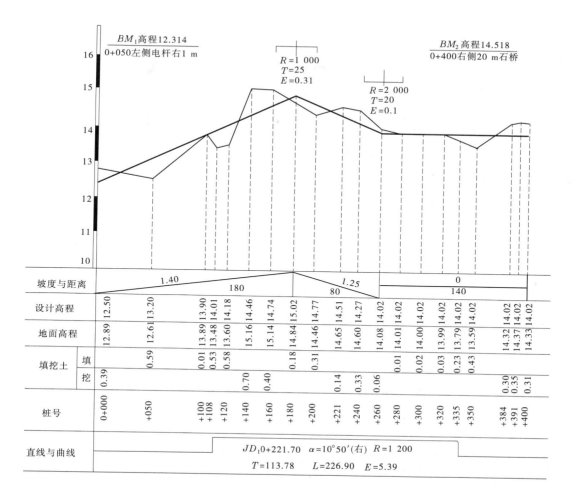

BM₁高程12.314
0+050左侧电杆右1 m

$R=1\,000$
$T=25$
$E=0.31$

$R=2\,000$
$T=20$
$E=0.1$

BM₂高程14.518
0+400右侧20 m石桥

桩号	0+000	+050	+100	+108	+120	+140	+160	+180	+200	+221	+240	+260	+280	+300	+320	+335	+350	+384	+391	+400
设计高程	12.50	13.20	13.90	14.01	14.18	14.46	14.74	15.02	14.77	14.51	14.27	14.02	14.02	14.02	14.02	14.02	14.02	14.02	14.02	14.02
地面高程	12.89	12.61	13.89	13.48	13.60	15.16	15.14	14.84	14.46	14.65	14.60	14.08	14.01	14.00	13.99	13.79	13.59	14.32	14.37	14.33
填挖土 — 填		0.59	0.01	0.53	0.58			0.18	0.31				0.01	0.02	0.03	0.23	0.43			
填挖土 — 挖	0.39					0.70	0.40			0.14	0.33	0.06						0.30	0.35	0.31

坡度与距离： 1.40 / 180 ；　1.25 / 80 ；　0 / 140

直线与曲线： JD_1 0+221.70　$\alpha=10°50'$（右）　$R=1\,200$　$T=113.78$　$L=226.90$　$E=5.39$

图 7-54　纵断面图的绘制

1. 横断面方向的确定

（1）直线段上的横断面方向是与线路中线相垂直的方向。在直线段上，如图 7-55（a）所示，将杆头有"十"字形木条的方向架立于欲测设横断面方向的 2＋300 号桩上，用架上的一边方向线照准 2＋250 号桩，则另一边的方向即为 2＋300 的横断面方向。

（2）曲线段横断面方向的确定。曲线段上的横断面方向是与曲线的切线相垂直的方向（见图 7-55（c））。如确定 ZY 和 Q_1 点的横断面方向，先将方向架（见图 7-55（b））立于 ZY 点上，用 1—1′方向照准 JD，则 2—2′方向即为 ZY 的横断面方向。再转动定向杆 3—3′对准 Q_1 点，制动定向杆。将方向架移至 Q_1 点，用 2—2′对准 ZY 点，依照同弧两端弦切角相等的原理，3—3′方向即为 Q_1 点的横断面方向。为了继续测设曲线上 Q_2 点的横断面方向，在 Q_1 点定好横断面方向后，转动方向架，松开定向杆，用 3—3′对准 Q_2 点，制动定向杆。然后将方向架移至 Q_2 点，用 2—2′对准 Q_1 点，则 3—3′方向即为 Q_2 点的横断面方向。

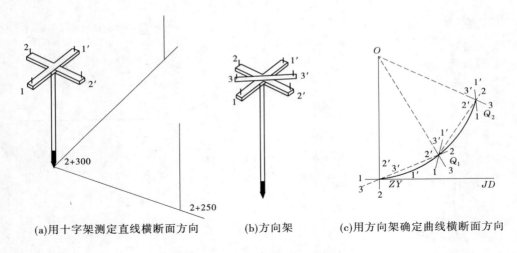

(a)用十字架测定直线横断面方向   (b)方向架   (c)用方向架确定曲线横断面方向

图7-55　测定路线横断面方向

2.横断面测量

1)标杆皮尺法

如图7-56所示,P_1,P_2,P_3,…为横断面方向上的坡度变化点,将标杆立于P_1点,皮尺靠近中桩的地面拉平量取中桩至P_1点的距离,而皮尺截于标杆的红白段格数即为两点间的高差。同理测出横断面上各坡度变化点与相邻点的距离和高差。记录测量数据时自中桩由近及远逐个记录,分别记录左侧(面向线路前进方向时的左侧)与右侧的数据,记录数据见表7-15。

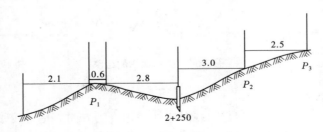

图7-56　标杆皮尺法

表7-15　标杆皮尺法横断面记录

高差/距离(左侧)	中桩桩号	高差/距离(右侧)
1.28/2.1,0.00/0.6,0.35/2.8	2+250	1.06/3.0,0.52/2.5

2)水准仪法

在测量精度要求较高而横断面较宽的平坦地区常采用水准仪测横断面。如图7-57所示,选择适当地点安置水准仪,以中线桩地面高程点为后视,以中线桩两侧横断面方向的地形特征点为前视,标尺读数读至 cm。用皮尺分别量出各特征点到中线桩的水平距离,量至 dm。记录格式见表 7-16。

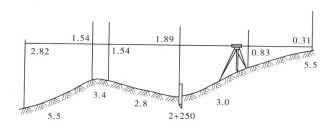

图 7-57　水准仪法

表 7-16　水准仪法横断面记录

前视读数/至中桩的距离(左侧)	后视读数/中桩桩号	前视读数/至中桩的距离(右侧)
2.82/5.5,1.54/3.4,1.54/2.8	1.89/(2 +250)	0.83/3.0,0.31/5.5

3)经纬仪视距法

安置经纬仪于中线桩上,可直接用经纬仪测定出横断面方向。量出至中线桩地面的仪器高,用视距法测出各特征点与中线桩间的平距和高差,此法适用于任何地形,包括地形复杂、山坡陡峻的线路横断面测量。利用全站仪则速度更快、效率更高。

3.横断面图的绘制

横断面图一般采用 1:100 或 1:200 的比例尺绘制。根据横断面测量得到的各点间的平距和高差,在毫米方格纸上绘出各中线桩的横断面图。如图 7-58 所示,绘制时,先标定中线桩位置,由中线桩开始逐个将特征点展绘在图样上,用细线连接相邻点,即绘出横断面的地面线。经路基断面设计,在透明图上按相同的比例尺分别绘出路堑、路堤和半填半挖的路基设计线,称为标准断面图。然后依据纵断面图上该中线桩的设计高程把标准断面图套绘到横断面图上。也可将路基断面设计的标准断面直接绘在横断面图上,绘制成路基断面图,这一工作俗称"戴帽子"。根据横断面的填、挖面积及相邻中线桩的桩号,可以算出施工的土石方量。

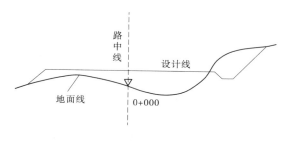

图 7-58　横断面图的绘制

任务六　不规则图形的放样

一、任务内容

(一)学习目的
(1)掌握测设方格网的方法。
(2)掌握应用方格网放线法对不规则图形的放样方法。

(二)仪器设备
每组经纬仪1台、50 m钢卷尺1把、5 m钢卷尺1把、花杆2根、白灰1袋。

(三)学习任务
如图7-59所示,每组在平坦空地测设长20 m、宽10 m的方格网,网格间距为2 m×2 m,根据给定的假山图形完成假山底平面的放样。

(四)要点及流程
1.要点
(1)采用"口"字法或"十"字法测设方格网。
(2)假山底平面特征点的标记要准确。
(3)各特征点的连线要平滑,白灰线要均匀准确。

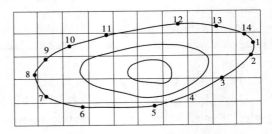

图7-59　假山底平面的放样

2.流程
(1)采"十"字形成"口"字形的方法测设定位线。
(2)加密方格网。
(3)找到地形特征点。
(4)用平滑曲线连接特征点。

(五)记录
总结如何快速、准确地测设方格网。

二、学习内容

(一)假山的放样
假山是中国古典园林不可缺少的构成要素之一,以造景游览为主要目的。通常所说的假山包括假山和置石。假山放样根据其形状大小的不同可采用网格法、极坐标法、支距法或平板仪放样法等。

1.网格法测设
如图7-60(a)所示,首先在小型假山设计平面图上绘出方格网,根据已知控制点或已有建筑物基线、道路中线确定定位关系,然后将方格网按比例放大到施工场地。根据假山山脚线在方格网中的位置在地面上确定1,2,3,…曲线转折点,用细线依图上山脚线的形状将各相邻点连接成光滑曲线,顺着曲线撒上白灰。若假山内有山洞,也要绘出山洞洞壁的边线。

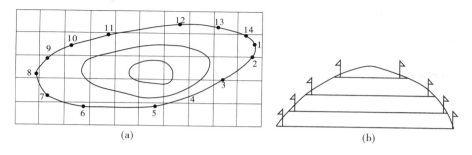

图 7-60　假山的测设

2. 仪器测设法

如图 7-60(b)所示,先用仪器测设出设计等高线的各转折点,然后将各点连接,并用白灰或绳索加以标定。再利用附近水准点测出 1～14 各点应有的标高,若高度允许,可在各桩点插设竹竿画线标出。若山体较高,则可在桩的侧面标明上返高度,供施工人员使用。一般情况下,堆山的施工多采用分层堆叠,因此在堆山的放样过程中也可以随施工进度测设,逐层打桩,直至山顶。

(二)园林水景工程

水景工程是园林工程中涉及面最广,项目组成最多的专项工程之一。水景工程包括湖泊、水池、溪流、水坡、瀑布、水帘、喷泉等。挖湖或开挖水渠的放样方法与堆山的放样方法相似。首先把水体周界的转折点测设在地面上,如图 7-61 所示的 1,2,3,…,30 各点,然后在水体内设定若干点位,打上木桩。根据设计给定的水体基底标高在桩上进行测设,画线注明开挖深度,图中①、②、③、④、⑤、⑥各点即为此类桩

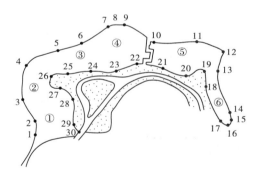

图 7-61　水体的测设

点。在施工中各桩点不要破坏,可留出土台,待水体开挖接近完成时再将此土台挖掉。水体的边坡坡度可按设计坡度制成边坡样板置于边坡各处,以控制和检查各边坡坡度。

任务七　园林景观平面放样

一、任务内容

(一)学习目标

(1)掌握地面小广场铺装、园路、景墙等园林景观的放线方法。

（2）掌握园林植物栽植的放线方法。

（二）仪器设备

每组经纬仪 1 台、50 m 钢卷尺 1 把、5 m 钢卷尺 1 把、花杆 2 根、白灰 1 袋。

（三）学习任务

每组在一块 30 m×12 m 的平坦场地上完成如图 7-62 所示园林景观平面图的放样。

（四）要点及流程

1. 要点

（1）使用经纬仪完成 30 m×12 m 长方形场地边线的测设。

（2）曲线要平滑，白灰线要均匀准确。

2. 流程

测设 30 m×12 m 长方形场地—小广场轮廓测设—道路轮廓测设—种植池及景墙测设—点状植物测设—片状植物测设。

（五）记录

总结在完成本次放线任务的过程中都使用了哪些放线方法。

二、学习内容

绿化是园林建设的主要组成部分。园林种植对放样的精度要求不高。根据种植形式的不同，将采用交会法、支距法、网格法、极坐标法等不同方法。

（一）交会法

孤植型种植就是在草坪、岛或山坡等地的一定范围内只种植一棵大树，其种植位置可根据周围道路边线、草坪边界、坡地线等位置关系用距离交会法定位。定位后以石灰或木桩作标志，标出它的挖穴范围。

（二）支距法

道路两侧的绿化树、中间的分车绿带和房子四周的行树、绿篱等都属于行（带）植型种植。根据树木与道路中心线或路牙线的垂直距离用支距法测设出行（带）植范围的起点、终点和转折点，然后根据设计株距的大小定出单株的位置，做好标记。道路两侧的绿化树一般要求对称，放样时要注意两侧单株位置的对应关系。

（三）网格法

在苗圃、公园或游览区常常成片规则地种植某一树种（或两个树种）。放样时，首先把种植区域的界线用极坐标法或支距法在实地上标定出来，然后根据植物在设计图上的位置，在地面上确定出方格，按相应方格再定出每一植株的具体位置，钉上木桩或撒上白灰线标明。

（四）极坐标法

测区范围较大，控制点明确的种植定点可用极坐标法。另外，极坐标法也常常用以确定不规则的种植边界，再配合支距法、交会法、目测法对树木、灌木丛、树群进行定位。

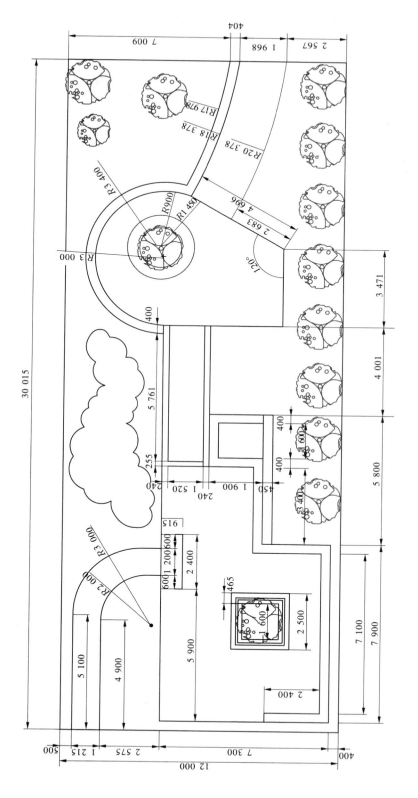

图 7-62 园林景观平面图

项目八　全站仪的使用

【学习目标】

了解全站仪的分类、等级、主要技术指标；掌握全站仪的基本操作，测角、测边、测三维坐标和三维坐标放样的原理和操作方法。

【学习任务】

全站仪测量及点位放样的方法。

任务一　全站仪测量及点位放样

一、任务内容

（一）学习目的

（1）了解 NTS – 340 系列全站仪的构造和原理。

（2）掌握 NTS – 340 系列全站仪的测角、测边、测三维坐标的功能。

（3）掌握 NTS – 340 系列全站仪放样三维坐标点的功能。

（二）仪器设备

每组 NTS – 340 系列全站仪 1 台、小钢尺 1 把、带脚架棱镜 2 个、单棱镜 1 个、记录板 1 个。

（三）学习任务

每组完成 2 个水平角、2 段水平距离、2 个点的坐标测量及 2 个坐标点的实地放样任务。

（四）要点及流程

1. 要点

全站仪各键操作，不要死记，要注意按键提示的状态。

2. 流程

用 NTS – 340 系列全站仪的测角模式进行水平角、竖直角测量；距离测量模式进行平距、斜距测量；坐标测量模式进行点的三维坐标测量；主菜单模式进行点的平面位置放样，并标出填挖高度。

（五）记录

全站仪测量及放样结果记录于表 8-1 ~ 表 8-4。

表 8-1 全站仪测回法测水平角记录表

日期：_____ 天气：_____ 仪器型号：_____ 组号：_____

观测者：_____ 记录者：_____ 立棱镜者：_____

测点	盘位	目标	水平度盘读数 （° ′ ″）	水平角		示意图
				半测回值 （° ′ ″）	一测回值 （° ′ ″）	

表 8-2 全站仪水平距离测量记录表

日期：_____ 天气：_____ 仪器型号：_____ 组号：_____

观测者：_____ 记录者：_____ 立棱镜者：_____

直线段名：_____ 一 _____ ,其平距的测量值如下：

第一次：_____ m 第二次：_____ m 第三次：_____ m 平均：_____ m

直线段名：_____ 一 _____ ,其平距的测量值如下：

第一次：_____ m 第二次：_____ m 第三次：_____ m 平均：_____ m

表 8-3 全站仪三维坐标测量记录表

日期：_____ 天气：_____ 仪器型号：_____ 组号：_____

观测者：_____ 记录者：_____ 立棱镜者：_____

已知:测站点的三维坐标 $x =$ _____ m, $y =$ _____ m, $H =$ _____ m。

测站点至后视点的坐标方位角 $\alpha =$ _____

量得:测站仪器高 = _____ m,前视点的棱镜高 = _____ m。

用盘左测得前视点的三维坐标为: $x =$ _____ m, $y =$ _____ m, $H =$ _____ m。

用盘右测得前视点的三维坐标为: $x =$ _____ m, $y =$ _____ m, $H =$ _____ m。

平均坐标为: $x =$ _____ m, $y =$ _____ m, $H =$ _____ m

表 8-4　全站仪点位放样记录表

日期：＿＿＿＿＿＿＿＿＿　天气：＿＿＿＿＿＿＿　仪器型号：＿＿＿＿＿＿＿＿　组号：＿＿＿＿＿＿＿

观测者：＿＿＿＿＿＿＿＿　记录者：＿＿＿＿＿＿＿　立棱镜者：＿＿＿＿＿＿＿＿

已知：测站点的三维坐标 $x=$ ＿＿＿＿＿ m，$y=$ ＿＿＿＿＿ m，$H=$ ＿＿＿＿＿ m。

测站点至后视点的坐标方位角 $\alpha=$ ＿＿＿＿＿＿。

待放样点＿＿＿＿＿＿的三维坐标 $x=$ ＿＿＿＿ m，$y=$ ＿＿＿＿ m，$H=$ ＿＿＿＿ m。

待放样点＿＿＿＿＿＿的三维坐标 $x=$ ＿＿＿＿ m，$y=$ ＿＿＿＿ m，$H=$ ＿＿＿＿ m。

待放样点＿＿＿＿＿＿的三维坐标 $x=$ ＿＿＿＿ m，$y=$ ＿＿＿＿ m，$H=$ ＿＿＿＿ m。

待放样点＿＿＿＿＿＿的三维坐标 $x=$ ＿＿＿＿ m，$y=$ ＿＿＿＿ m，$H=$ ＿＿＿＿ m。

待放样点＿＿＿＿＿＿的三维坐标 $x=$ ＿＿＿＿ m，$y=$ ＿＿＿＿ m，$H=$ ＿＿＿＿ m

量得：测站仪器高 = ＿＿＿＿＿＿ m，前视点的棱镜高 = ＿＿＿＿＿＿ m。

则：待放样点＿＿＿＿＿处的地面，需＿＿＿＿＿＿（填"填"或"挖"），其填挖高度为＿＿＿＿ m。

待放样点＿＿＿＿＿＿处的地面，需＿＿＿＿＿＿（填"填"或"挖"），其填挖高度为＿＿＿＿ m。

待放样点＿＿＿＿＿＿处的地面，需＿＿＿＿＿＿（填"填"或"挖"），其填挖高度为＿＿＿＿ m

二、学习内容

（一）预备事项

1. 预防事项

（1）日光下测量应避免将物镜直接瞄准太阳。若在太阳下作业应安装滤光器。

（2）避免在高温和低温下存放仪器，亦应避免温度骤变（使用时气温变化除外）。

（3）仪器不使用时，应将其装入箱内，置于干燥处，注意防震、防尘和防潮。

（4）若仪器工作处的温度与存放处的温度差异太大，应先将仪器留在箱内，直至它适应环境温度后再使用仪器。

（5）仪器长期不使用时，应将仪器上的电池卸下分开存放。电池应每月充电一次。

（6）仪器运输应将其装于箱内进行，运输时应小心避免挤压、碰撞和剧烈震动，长途运输最好在箱子周围使用软垫。

（7）仪器安装至三脚架或拆卸时，要一只手先握住仪器，以防仪器跌落。

（8）外露光学件需要清洁时，应用脱脂棉或镜头纸轻轻擦净，切不可用其他物品擦拭。

（9）仪器使用完毕后，用绒布或毛刷清除仪器表面灰尘。仪器被雨水淋湿后，切勿通电开机，应用干净软布擦干并在通风处放一段时间。

（10）作业前应仔细全面检查仪器，确信仪器各项指标、功能、电源、初始设置和改正参数均符合要求时再进行作业。

（11）即使发现仪器功能异常，非专业维修人员不可擅自拆开仪器，以免发生不必要的损坏。

2. 部件名称

全站仪的部件名称见图 8-1。

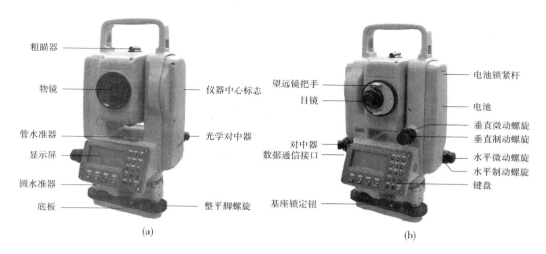

图 8-1　全站仪的部件名称

3. 仪器开箱和存放

1）开箱

轻轻地放下箱子,让其盖朝上,打开箱子的锁栓,开箱盖,取出仪器。

2）存放

盖好望远镜镜盖,使照准部的垂直制动手轮和基座的圆水准器朝上将仪器平卧(望远镜物镜端朝下)放入箱中,轻轻旋紧垂直制动手轮,盖好箱盖并关上锁栓。

4. 安置仪器

将仪器安装在三脚架上,精确整平和对中,以保证测量成果的精度,应使用专用的中心连接螺旋的三脚架。

操作参考:仪器的整平与对中步骤如下。

(1)安置三脚架。首先,将三脚架打开,伸到适当高度,拧紧三个固定螺旋。

(2)将仪器安置到三脚架上。将仪器小心地安置到三脚架上,松开中心连接螺旋,在架头上轻移仪器,直到垂球对准测站点标志中心,然后轻轻拧紧连接螺旋。

(3)利用圆水准器粗平仪器:

①旋转任意两个脚螺旋,使圆水准器气泡移到与上述两个脚螺旋中心连线相垂直的一条直线上。

②旋转第三个脚螺旋,使圆水准器气泡居中。

(4)利用管水准器精平仪器:

①松开水平制动螺旋,转动仪器使管水准器平行于某一对脚螺旋的连线。再旋转这两个脚螺旋,使管水准器气泡居中。

②将仪器绕竖轴旋转 90°,再旋转另一个脚螺旋,使管水准器气泡居中。

③再次旋转 90°,重复①②,直至四个位置上气泡居中。

(5)利用光学对中器对中。

根据观测者的视力调节光学对中器望远镜的目镜。松开中心连接螺旋、轻移仪器,将光学对中器的中心标志对准测站点,然后拧紧连接螺旋。在轻移仪器时不要让仪器在架头上有转动,以尽可能减少气泡的偏移。

(6)最后精平仪器:按第(4)步精平仪器,直到仪器旋转到任何位置时,管水准气泡始终居中,然后拧紧连接螺旋。

5.电池的装卸、信息

1)电池充电

取下电池盒时,按下电池盒底部插入仪器的槽中,按压电池盒顶部按钮,使其卡入仪器中固定归位。每次取下电池盒时,都必须先关掉仪器电源,否则仪器易损坏。

2)电池信息

电池信息显示如下:

```
HR:          170°30′20″
HD:          235.343 m
VD:          36.551 m        ≡
测量      模式      S/A      P1↓
```

"≡"表示电量充足,可操作使用。

"="表示刚出现此信息时,电池尚可使用 1 h 左右;若不掌握已消耗的时间,则应准备好备用的电池或充电后再使用。

"—"表示电量已经不多,尽快结束操作,更换电池并充电。

"—"闪烁到消失表示从闪烁到缺电关机大约可持续几分钟,电池已无电,应立即更换电池并充电。

6.反射棱镜

全站仪在进行测量距离等作业时,须在目标处放置反射棱镜。反射棱镜有单(叁)棱镜组,可通过基座连接器将棱镜组连接在基座上安置到三脚架上,也可直接安置在对中杆上。棱镜组由用户根据作业需要自行配置。测绘仪器公司所生产的棱镜组如图 8-2 所示。

7.望远镜目镜调整和目标照准

瞄准目标的方法(供参考)如下:

(1)将望远镜对准明亮天空,旋转目镜筒,调焦看清十字丝(先朝自己方向旋转目镜筒,再慢慢旋进调焦清楚十字丝)。

(2)利用粗瞄准器内的三角形标志的顶尖瞄准目标点,照准时眼睛与瞄准器之间应保留一定距离。

(3)利用望远镜调焦螺旋使目标成像清晰。

当眼睛在目镜端上下或左右移动发现有视差时,说明调焦或目镜屈光度未调好,这将影响观测的精度,应仔细调焦并调节目镜筒消除视差。

8.打开和关闭电源

1)开机

(1)确认仪器已经整平;

图 8-2   棱镜组

（2）打开电源开关（POWER 键）。

确认显示窗中有足够的电池电量，当显示"电池电量不足"（电池用完）时，应及时更换电池或对电池进行充电。

2）关机

（1）按住电源键 1 s 左右，直到弹出关机菜单。

（2）要尽量保证正常关机，否则可能导致数据丢失。

9. 字母数字的输入方法

以下介绍字母数字的输入，如仪器高、棱镜高、测站点和后视点等。

1）条目的选择与数字的输入

【例 8-1】   选择数据采集模式中的测站仪器高。

箭头指示将要输入的条目，按［▲］［▼］键上下移动箭头行：

```
点号->      PT－01
标识符：    _____
仪高：          0.000 m
输入  查找  记录  测站
```

按［▼］键将 -> 移动到仪高条目：

```
点号：      PT－01
标识符：    _____
仪高->          0.000 m
输入  查找  记录  测站
```

按 F1 键进入输入菜单：

```
点号：      PT－01
标识符：    _____
仪高 =          _____ m
回退   ---   ---   回车
```

按 $\boxed{1}$ 输入"1";

按 $\boxed{.}$ 输入". ";

按 $\boxed{5}$ 输入"5 ",回车。

此时仪高 = <u>1.5   </u> m,仪器高输入为 1.5 m。

2)输入字符

【例 8-2】 输入数据采集模式中的测站点编码"SOUTHI"。

用[▲][▼]键上下移动箭头行,移到待输入的条目:

```
点号-> _____
标识符：_____
仪高：        0.000 m
输入  查找  记录  测站
```

按 $\boxed{F1}$(输入)键,箭头即变成等号(=),这时在底行上显示字符:

```
点号 = _____
标识符：_____
仪高：        0.000 m
回退  空格  数字  回车
```

按 $\boxed{F3}$ 可以切换到字母输入方式:

```
点号 = _____
标识符：_____
仪高：        0.000 m
回退  空格  数字  回车
```

(二)键盘功能与信息显示

1. 操作键

操作键名称与功能见图 8-3、表 8-5。

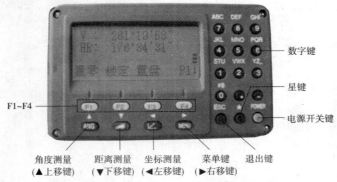

图 8-3 操作键盘

表 8-5　键盘符号及功能

键盘符号：　ANG　　◢　　📈　　MENU　　ESC　　POWER　　F1　~　F4　　0　~　9

按键	名称	功能
ANG	角度测量键	进入角度测量模式（▲上移键）
◢	距离测量键	进入距离测量模式（▼下移键）
📈	坐标测量键	进入坐标测量模式（◄左移键）
MENU	菜单键	进入菜单模式（►右移键）
ESC	退出键	返回上一级状态或返回测量模式
POWER	电源开关键	电源开关
F1 ~ F4	软键（功能键）	对应于显示的软键信息
0 ~ 9	数字键	输入数字和字母、小数点、负号
★	星键	进入星键模式

显示符号意义见表 8-6。

表 8-6　显示符号含义

显示符号	内容	显示符号	内容
V%	竖直角（坡度显示）	E	东向坐标
HR	水平角（右角）	Z	高程
HL	水平角（左角）	*	EDM（电子测距）正在进行
HD	水平距离	m	以米为单位
VD	高差	ft	以英尺为单位
SD	倾斜	fi	以英尺与英寸为单位
N	北向坐标		

2. 功能键

（1）角度测量模式（三个界面菜单）见图 8-4、表 8-7。

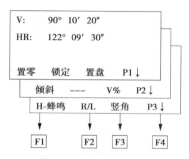

图 8-4　角度测量界面

表 8-7　角度测量显示符号和功能

页数	软键	显示符号	功能
第 1 页 （P1）	F1	置零	水平角置为 0°00′00″
	F2	锁定	水平角读数锁定
	F3	置盘	通过键盘输入数字设置水平角
	F4	P1↓	显示第 2 页软键功能
第 2 页 （P2）	F1	倾斜	设置倾斜改正为开或关,若选择开,则显示倾斜改正
	F2	---	------------------------------------
	F3	V%	竖直角与百分比坡度的切换
	F4	P2↓	显示第 3 页软键功能
第 3 页 （P3）	F1	H-蜂鸣	仪器转动至水平角 0°、90°、180°、270°是否蜂鸣的设置
	F2	R/L	水平角右/左计数方向的转换
	F3	竖角	竖直角显示格式(高度角/天顶距)的切换
	F4	P3↓	显示第 1 页软键功能

（2）距离测量模式（两个界面菜单）见图 8-5、表 8-8。

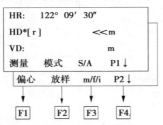

图 8-5　距离测量界面

表 8-8　距离测量显示符号和功能

页数	软键	显示符号	功能
第 1 页 （P1）	F1	测量	启动距离测量
	F2	模式	设置测距模式为 精测/跟踪
	F3	S/A	温度、气压、棱镜常数等设置
	F4	P1↓	显示第 2 页软键功能
第 2 页 （P2）	F1	偏心	偏心测量模式
	F2	放样	距离放样模式
	F3	m/f/i	距离单位的设置 米/英尺/英寸
	F4	P2↓	显示第 1 页软键功能

（3）坐标测量模式（三个界面菜单）见图8-6、表8-9。

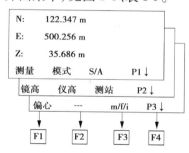

图8-6　坐标测量模式

表8-9　坐标测量显示符号和功能

页数	软键	显示符号	功能
第1页 （P1）	F1	测量	启动测量
	F2	模式	设置测距模式为精测/跟踪
	F3	S/A	温度、气压、棱镜常数等设置
	F4	P1↓	显示第2页软键功能
第2页 （P2）	F1	镜高	设置棱镜高度
	F2	仪高	设置仪器高度
	F3	测站	设置测站坐标
	F4	P2↓	显示第3页软键功能
第3页 （P3）	F1	偏心	偏心测量模式
	F2	———	————————————
	F3	m/f/i	距离单位的设置 米/英尺/英寸
	F4	P3↓	显示第1页软键功能

（三）角度测量

1.水平角和垂直角测量

1）水平角右角和垂直角的测量

确认处于角度测量模式,其操作过程见表8-10。

表8-10　操作过程（一）

操作过程	操作	显示
①照准第一个目标A	照准A	V:　　82°09′30″ HR:　90°09′30″ 置零　锁定　置盘　P1↓

操作过程	操作	显示
②设置目标 *A* 的水平角为 0°00′00″ 按 F1 (置零)键和 F3 (是)键	F1	水平角置零 　　>OK? ――― ――― 〔是〕〔否〕
	F3	V:　82° 09′ 30″ HR:　0° 00′ 00″ 置零 锁定 置盘　P1↓
③照准第二个目标 *B*，显示目标 *B* 的 V/H	照准目标 *B*	V:　92° 09′ 30″ HR:　67° 09′ 30″ 置零 锁定 置盘　P1↓

2）瞄准目标的方法（供参考）

（1）将望远镜对准明亮天空，旋转目镜筒，调焦看清十字丝（先朝自己方向旋转目镜筒，再慢慢旋进调焦看清楚十字丝）。

（2）利用粗瞄准器内的三角形标志的顶尖瞄准目标点，照准时眼睛与瞄准器之间应保留有一定距离。

（3）利用望远镜调焦螺旋使目标成像清晰。

说明：当眼睛在目镜端上下或左右移动发现有视差时，说明调焦或目镜屈光度未调好，这将影响观测的精度，应仔细调焦并调节目镜筒消除视差。

2. 水平角（右角/左角）切换

确认处于角度测量模式，其操作过程见表8-11。

表 8-11　操作过程（二）

操作过程	操作	显示
①按 F4 (↓)键两次转到第3页功能	F4 两次	V:　122° 09′ 30″ HR:　90° 09′ 00″ 置零 锁定 置盘　P1↓ 倾斜 ――― V%　P2↓ H-蜂鸣 R/L 竖角　P3↓

操作过程	操作	显示
②按 F2 (R∕L)键,右角模式(HR) 切换到左角模式(HL)	F2	V: 122° 09′ 30″ HR: 269° 50′ 30″ H-蜂鸣 R/L 竖角 P3↓
③以左角 HL 模式进行测量		

注:每次按 F2 (R∕L)键,HR∕HL 两种模式交替切换。

3. 水平角的设置

1)通过锁定角度值进行设置

确认处于角度测量模式,其操作过程见表8-12。

表8-12 操作过程(三)

操作过程	操作	显示
①用水平微动螺旋转到所需的水 平角	显示角度	V: 122° 09′ 30″ HR: 90° 09′ 30″ 置零 锁定 置盘 P1↓
②按 F2 (锁定)键	F2	水平角锁定 HR:¨ 90° 09′ 30″ ＞设置 ? ── ── [是] [否]
③照准目标	照准	
④按 F3 (是)键完成水平角设 置*,显示窗变为正常的角度测量模 式	F3	V: 122° 09′ 30″ HR: 90° 09′ 30″ 置零 锁定 置盘 P1↓

注:*若要返回上一个模式,可按 F4 (否)键。

2)通过键盘输入进行设置

确认处于角度测量模式,其操作过程见表8-13。

表 8-13　操作过程 (四)

操作过程	操作	显示
①照准目标	照准	V:　　122° 09′ 30″ HR:　 90° 09′ 30″ 置零　锁定　置盘　P1↓
②按 F3 (置盘) 键	F3	水平角设置 HR: 输入　----　---　 [回车]
③通过键盘输入所要求的水平角, 如:150°10′20″	F1 150.1020 F4	V:　　122° 09′ 30″ HR:　150° 10′ 20″ 置零　锁定　置盘　P1↓

随后即可从所要求的水平角进行正常的测量

4. 垂直角与斜率(%)的转换

确认处于角度测量模式,其操作过程见表8-14。

表 8-14　操作过程 (五)

操作过程	操作	显示
①按 F4 (↓) 键转到第 2 页	F4	V:　　90° 10′ 20″ HR:　 90° 09′ 30″ 置零　锁定　置盘　P1↓ 倾斜　----　V%　　P2↓
②按 F3 (V%) 键*	F3	V:　　-0.30% HR:　 90° 09′ 30″ 倾斜　----　V%　　P1↓

注: *每次按 F3 (V%)键,显示模式交替切换。

当高度超过45°(100%)时,显示窗将出现(超限)(超出测量范围)。

5. 水平角90°间隔蜂鸣

如果水平角落在 0°、90°、180°或270°在±1°范围以内时,蜂鸣声响起。此项设置关机后不保留,确认处于角度测量模式。其操作过程见表8-15。

表 8-15　操作过程(六)

操作过程	操作	显示
①按 F4 (↓)键两次,进入第 3 页功能	F4 两次	V:　　90° 10′ 20″ HR:　170° 30′ 20″ 置零　锁定　置盘　P1↓ H-蜂鸣　R/L　竖角　P3↓
②按 F1 (H-蜂鸣)键,显示上次设置状态	F1	水平角蜂鸣声　[关] [开]　[关]　---　回车
③按 F1 (开)键或 F2 (关)键,以选择蜂鸣器的开/关	F1 或 F2	水平角蜂鸣声　[开] [开]　[关]　·---　回车
④按 F4 (回车)键	F4	V:　　90° 10′ 20″ HR:　170° 30′ 20″ 置零　锁定　置盘　P1↓

6.垂直角的测量

垂直角显示如图8-7所示。其操作过程见表8-16。

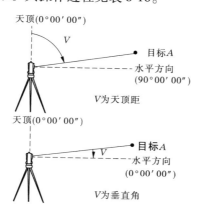

图 8-7　垂直角显示

表 8-16　操作过程(七)

操作过程	操作	显示
①按 F4 (↓)键转到第 3 页	F4 两次	V:　　　　19° 51′ 27″ HR:　　170° 30′ 20″ 置零　　锁定　　置盘　P1↓ H- 蜂鸣　R/L　竖角　P3↓
②按 F3 (竖角)键*	F3	V:　　　　70° 08′ 33″ HR:　　170° 30′ 20″ H- 蜂鸣　R/L　竖角　P3↓

注:*每次按 F3 (竖角)键,显示模式交替切换。

(四)距离测量

1. 棱镜常数的设置

棱镜常数为 – 30,设置棱镜改正为 – 30,如使用其他常数的棱镜,则在使用之前应先设置一个相应的常数,即使电源关闭,所设置的值也仍被保存在仪器中。

2. 距离测量(连续测量)

确认处于测角模式,其操作过程见表 8-17。

表 8-17　操作过程(八)

操作过程	操作	显示
①照准棱镜中心	照准	V:　　90° 10′ 20″ HR:　170° 30′ 20″ H-蜂鸣　R/L　竖角　P3↓
②按  ◢ 键,距离测量开始	 ◢	HR:　　170° 30′ 20″ HD*[r]　　　　　< <m VD:　　　　　　　　　　m 测量　模式　S/A　P1↓ HR:　　170° 30′ 20″ HD*　　　　235. 343 m VD:　　　　36. 551 m 测量　模式　S/A　P1↓

操作过程	操作	显示
显示测量的距离 再次按 ◢ 键,显示变为水平角(HR)、垂直角(V)和斜距(SD)	◢	V: 90° 10′ 20″ HR: 170° 30′ 20″ SD* 241.551 m 测量 模式 S/A P1↓

3. 距离测量(N 次测量/单次测量)

当输入测量次数后,仪器就按设置的次数进行测量,并显示出距离平均值。当输入测量次数为 1,因为是单次测量,仪器不显示距离平均值。

确认处于测角模式,其操作过程见表 8-18。

表 8-18　操作过程(九)

操作过程	操作	显示
①照准棱镜中心	照准	V: 122° 09′ 30″ HR: 90° 09′ 30″ 置零 锁定 置盘 P1↓
②按 ◢ 键,连续测量开始	◢	HR: 170° 30′ 20″ HD*[r] ＜＜m VD: m 测量 模式 S/A P1↓
③当连续测量不再需要时,可按 F1 (测量)键,测量模式为 N 次测量模式,当光电测距(EDM)正在工作时,再按 F1 (测量)键,模式转变为连续测量模式	F1	HR: 170° 30′ 20″ HD*[n] ＜＜m VD: m 测量 模式 S/A P1↓ HR: 170° 30′ 20″ HD: 566.346 m VD: 89.678 m 测量 模式 S/A P1↓

4. 放样

该功能可显示出测量的距离与输入的放样距离之差。

测量距离 － 放样距离 = 显示值

放样时可选择平距(HD),高差(VD)和斜距(SD)中的任意一种放样模式。操作过程见表8-19。

表8-19　操作过程(十)

操作过程	操作	显示
①在距离测量模式下按 F4 (↓)键,进入第2页功能	F4	HR:　170° 30′ 20″ HD:　　566.346 m VD:　　89.678 m 测量　模式　S/A　P1↓ 偏心　放样　m/f/i　P2↓
②按 F2 (放样)键,显示出上次设置的数据	F2	放样 HD:　　　0.000 m 平距　高差　斜距　---
③通过按 F1 ~ F3 键选择测量模式 F1:平距,　 F2:高差, F3:斜距 例:水平距离	F1	放样 HD:　　　0.000 m 输入　---　---　回车
④输入放样距离350 m	F1 输入 350 F4	放样 HD:　　350.000 m 输入　---　---　回车
⑤照准目标(棱镜)测量开始,显示出测量距离与放样距离之差	照准 P	HR:　120° 30′ 20″ dHD*[r]　　　< <m VD:　　　　　　m 输入　---　---　回车
⑥移动目标棱镜,直至距离差等于0		HR:　120° 30′ 20″ dHD*[r]　　25.688 m VD:　　　　2.876 m 测量　模式　S/A　P1↓

（五）坐标测量

1. 坐标测量的步骤

通过输入仪器高和棱镜高后测量坐标时,可直接测定未知点的坐标。

- 要设置测站点坐标值,参见"测站点坐标的设置"。
- 要设置仪器高和目标高,参见"仪器高的设置"和"棱镜高的设置"。
- 要设置后视,并通过测量来确定后视方位角,方可测量坐标。

未知点的坐标由下面公式计算并显示出来:

测站点坐标:(N_0, E_0, Z_0)　相对于仪器中心点的棱镜中心坐标:(n, e, z)

仪器高:仪高,未知点坐标:(N_1, E_1, Z_1);

棱镜高:镜高,高差:$Z(VD)$。

$$N_1 = N_0 + n$$
$$E_1 = E_0 + e$$
$$Z_1 = Z_0 + 仪高 + Z - 镜高$$

仪器中心坐标为$(N_0, E_0, Z_0 + 仪器高)$。

坐标测量示意见图 8-8。操作过程见表 8-20。

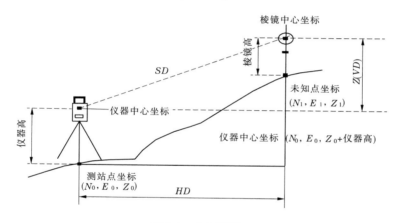

图 8-8　坐标测量

进行坐标测量,注意:要先设置测站坐标,测站高,棱镜高及后视方位角。

表 8-20　操作过程(十一)

操作过程	操作	显示
①设置已知点 A 的方向角	设置方向角	V:　122° 09′ 30″ HR:　90° 09′ 30″ 置零　锁定　置盘　P1↓

操作过程	操作	显示
②照准目标 *B*,按 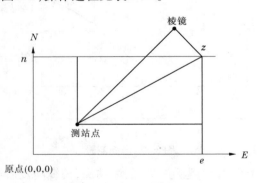键	照准棱镜	N: << m E: m Z: m 测量 模式 S/A P1↓
③按 F1 (测量)键,开始测量	F1	N* 286.245 m E: 76.233 m Z: 14.568 m 测量 模式 S/A P1↓

2.测站点坐标的设置

设置仪器(测站点)相对于坐标原点的坐标,仪器可自动转换和显示未知点(棱镜点)在该坐标系中的坐标。

电源关闭后,可保存测站点坐标。

测站点坐标设置见图 8-9,操作过程见表 8-21。

图 8-9 测站点坐标设置

表 8-21 操作过程(十二)

操作过程	操作	显示
①在坐标测量模式下,按 F4 (↓)键,转到第 2 页功能	F4	N: 286.245 m E: 76.233 m Z: 14.568 m 测量 模式 S/A P1↓ 镜高 仪高 测站 P2↓

操作过程	操作	显示
②按 F3（测站）键	F3	N-> 0.000 m E: 0.000 m Z: 0.000 m 输入 --- --- 回车
③输入 N 坐标	F1 输入数据 F4	N: 36.976 m E-> 0.000 m Z: 0.000 m 输入 --- --- 回车
④按同样方法输入 E 和 Z 坐标，输入数据后，显示屏返回坐标测量显示		N: 36.976 m E: 298.578 m Z: 45.330 m 测量 模式 S/A P1↓

3. 仪器高的设置

电源关闭后，可保存仪器高。其操作过程见表 8-22。

表 8-22 操作过程（十三）

操作过程	操作	显示
①在坐标测量模式下，按 F4（↓）键，转到第 2 页功能	F4	N: 286.245 m E: 76.233 m Z: 14.568 m 测量 模式 S/A P1↓ 镜高 仪高 测站 P2↓
②按 F2（仪高）键，显示当前值	F2	仪器高 输入 仪高 0.000 m 输入 --- --- 回车
③输入仪器高	F1 输入仪器高 F4	N: 286.245 m E: 76.233 m Z: 14.568 m 测量 模式 S/A P1↓

4.棱镜高的设置

此项功能用于获取 Z 坐标值,电源关闭后,可保存目标高,参见"基本设置"。其操作过程见表 8-23。

表 8-23 操作过程(十四)

操作过程	操作	显示
①在坐标测量模式下,按 F4 键,进入第 2 页功能	F4	N: 286.245 m E: 76.233 m Z: 14.568 m 测量 模式 S/A P1↓ 镜高 仪高 测站 P2↓
②按 F1 (镜高)键,显示当前值	F1	镜高 输入 镜高 0.000 m 输入 --- --- 回车
③输入棱镜高	F1 输入棱镜高 F4	N: 286.245 m E: 76.233 m Z: 14.568 m 测量 模式 S/A P1↓

(六)放样

放样模式有两个功能,即测定放样点和利用内存中的已知坐标数据设置新点,如果坐标数据未被存入内存,则可从键盘输入坐标,坐标数据可通过个人计算机从传输电缆装入仪器内存。

坐标数据被存入坐标数据文件(坐标数据文件),有关内存细节,可参见"存储管理模式",NTS-350 能够将坐标数据存入内存,内存划分为测量数据和供放样用的坐标数据。

坐标数据的个数(在内存未用于数据采集模式的情况下)最多达 10 000 个点。因为内存包括数据采集模式和放样模式使用,因此当数据采集模式在使用时,坐标数据的个数将会减少。

图 8-10 为放样示意图。

1.放样步骤

(1)选择数据采集文件,使其所采集数据存储在该文件中。

(2)选择坐标数据文件。可进行测站坐标数据及后视坐标数据的调用。

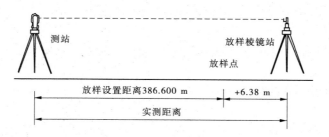

图 8-10　放样示意图

（3）置测站点。

（4）置后视点,确定方位角。

（5）输入所需的放样坐标,开始放样。

2.准备工作

1）坐标格网因子的设置

计算公式

（1）高程因子：

$$高程因子 = R / (R + 高程)$$

式中　R——地球平均曲率半径；

　　　高程——平均海水面之上的高程。

（2）比例尺因子：

比例尺因子指测站上的比例尺因子。

（3）坐标格网因子

$$坐标格网因子 = 高程因子 × 比例尺因子$$

2）距离计算

（1）坐标格网距离

$$HDg = HD × 坐标格网因子$$

式中　HDg——坐标格网距离；

　　　HD——地面上的距离。

（2）地面上的距离

$$HD = HDg / 坐标格网因子$$

其操作过程见表 8-24。

表 8-24　操作过程(十五)

操作过程	操作	显示
①由放样菜单 2/2 按 F3 (格网因子)	F3	放样　　　　　　2 / 2 F1：选择文件 F2：新点 F3：格网因子　　　P↓

197

续表 8-24

操作过程	操作	显示
①由放样菜单 2/2 按 F3（格网因子）	F3	格网因子 　= 0.998 843 >修改?　　　[是]　[否]
②按 F3（是）键	F3	格网因子 　高程. -> 1 000 m 　比例：0.999 000 输入　---　---　回车
③按 F1（输入）键，输入高程，按 F4（ENT）键	F1 输入高程 F4	格网因子 　高程. : 2 000 m 　比例 -> 1.001 000 输入　---　---　回车
④按同样方法输入比例尺因子，显示坐标格网因子 1~2 s，然后显示屏返回到放样菜单 2/2	F1 输入高程 F4	格网因子 　= 1.000 685

3. 坐标数据文件的选择

运行放样模式首先要选择一个坐标数据文件，也可以将新点测量数据存入所选定的坐标数据文件中。

当放样模式已运行时，可以按同样方法选择文件。其操作过程见表 8-25。

表 8-25　操作过程（十六）

操作过程	操作	显示
①由放样菜单 2/2 按 F1（选择文件）键	F1	放样　　　　　　2／2 F1：选择文件 F2：新点 F3：格网因子　　　P↓ 选择文件 FN：_____ 输入　调用　---　回车

· 198 ·

操作过程	操作	显示
②按 F2（调用）键，显示坐标数据文件目录	F2	CEEFEDATA /C0322 _ > * SOUTHDATA /C0228 SATADDATA /C0080 --- 查找 --- 回车
③按［▲］或［▼］键可使文件表向上或向下滚动，选择一个工作文件	［▲］或［▼］	* SOUTHDATA /C0228 SATADDATA /C0080 KLLLSDATA /C0085 --- 查找 --- 回车
④按 F4（回车）键，文件即被确认	F4	放样 2 / 2 F1： 选择文件 F2： 新点 F3： 格网因子 P↓

4.设置测站点

设置测站点的方法有如下两种：

（1）利用内存中的坐标数据文件设置测站点，操作过程见表8-26。

表 8-26 操作过程（十七）

操作过程	操作	显示
①由放样菜单1/2按 F1（输入测站点）键，即显示原有数据	F1	测站点 点号：_____ 输入 调用 坐标 回车
②按 F1（输入）键	F1	测站点 点号 = PT－0 1 回退 空格 数字 回车

操作过程	操作	显示
③输入点号,按 F4 (ENT)键	输入点号 F4	仪高 输入 仪高: 0.000 m 输入 ——— ——— 回车
④按同样方法输入仪器高,显示屏返回到放样单1/2	F1 输入仪高 F4	放样 1／2 F1: 输入测站点 F2: 输入后视点 F3: 输入放样点 P↓

(2)直接输入测站点坐标,操作过程见表8-27。

表 8-27　操作过程(十八)

操作过程	操作	显示
①由放样菜单1/2 按 F1 (测站点号输入)键,即显示原有数据	F1	测站点 点号: _____ 输入 调用 坐标 回车
②按 F3 (坐标)键	F3	N: 0.000 m E: 0.000 m Z: 0.000 m 输入 ——— 点号 回车
③按 F1 (输入)键,输入坐标值按 F4 (ENT)键	F1 输入坐标 F4	N: 10.000 m E: 25.000 m Z: 63.000 m 输入 ——— 点号 回车
④按同样方法输入仪器高,显示屏返回到放样菜单1/2	F1 输入仪高 F4	仪器高 输入 仪高: 0.000 m 输入 ——— ——— 回车

续表 8-27

操作过程	操作	显示
⑤返回放样菜单	F1 输入 F4	放样　　　　　1／2 F1：　输入测站点 F2：　输入后视点 F3：　输入放样点　　　　P↓

5. 设置后视点

以下两种后视点设置方法可供选用。

（1）利用内存中的坐标数据输入后视点坐标，操作过程见表 8-28。

表 8-28　操作过程（十九）

操作过程	操作	显示
①由放样菜单按 F2（后视）键	F2	后视 点号： 输入　调用　NE／AZ　回车
②按 F1（输入）键	F1	后视 点号：　BA－01 回退　空格　数字　回车
③输入点号，按 F4（ENT）键	输入点号 F4	后视 H（B）＝　120°30′20″ ＞照准？　　　［是］　［否］
④照准后视点，按 F3（是）键显示屏返回到放样菜单1/2	照准后视点 F3	放样　　　　　1／2 F1：　输入测站点 F2：　输入后视点 F3：　输入放样点　　　　P↓

注：每按一下 F3 键，输入后视定向角方法与直接键入后视点坐标数据依次更变。

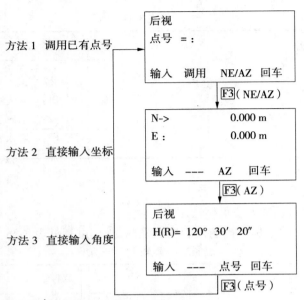

方法1 调用已有点号

后视
点号 = :

输入 调用 NE/AZ 回车

F3 (NE/AZ)

方法2 直接输入坐标

N-> 0.000 m
E : 0.000 m

输入 --- AZ 回车

F3 (AZ)

方法3 直接输入角度

后视
H(R)= 120° 30′ 20″

输入 --- 点号 回车

F3 (点号)

（2）直接输入后视点坐标,操作过程见表8-29。

表8-29　操作过程（二十）

操作过程	操作	显示
①由放样菜单1/2 按 F2 (后视)键,即显示原有数据	F2	后视 点号 = : 输入 调用 NE/AZ 回车
②按 F3 (NE/AZ)键	F3	N-> 0.000 m E : 0.000 m 输入 --- 点号 回车
③按 F1 (输入)键,输入坐标值按 F4 (回车)键	F1 输入坐标 F4	后视 H(B) = 120° 30′ 20″ >照准? [是] [否]
④照准后视点	照准后视点	
⑤按 F3 (是)键,显示屏返回到放样菜单1/2	照准后视点 F3	放样 1／2 F1: 输入测站点 F2: 输入后视点 F3: 输入放样点 P↓

6.实施放样

实施放样有以下两种方法可供选择：

（1）通过点号调用内存中的坐标值。

（2）直接键入坐标值。

例：调用内存中的坐标值。其操作过程见表8-30。

表8-30　操作过程（二十一）

操作过程	操作	显示
①由放样菜单1/2 按 F3（放样）键	F3	放样　　　　　　　1／2 F1：　输入测站点 F2：　输入后视点 F3：　输入放样点　　　　P↓ 放样 　点号：_____ 输入　调用　坐标　回车
② F1（输入）键，输入点号，按 F4（ENT）键	F1 输入点号 F4	镜高 输入 镜高　　　　　　0.000 m 输入　---　---　回车
③按同样方法输入反射镜高，当放样点设定后，仪器就进行放样元素的计算 HR：放样点的水平角计算值 HD：仪器到放样点的水平距离计算值	F1 输入镜高 F4	计算 　HR：　122° 09′ 30″ 　HD：　245.777 m 角度　距离　---　---
④照准棱镜，按 F1 角度键 点号：放样点 HR：实际测量的水平角 dHR：对准放样点仪器应转动的水平角 　　 ＝实际水平角－计算的水平角 当 dHR＝0°00′00″时，即表明放样方向正确	照准 F1	点号：　LP-100 HR：　2° 09′ 30″ dHR：　22° 39′ 30″ 距离　---　坐标　---

操作过程	操作	显示
⑤按 F1 (距离)键 HD:实测的水平距离 dHD:对准放样点尚差的水平距离 　　=实测高差－计算高差	F1	HD*[r]　　　　< m dHD:　　　　　m dZ:　　　　　　m 模式　角度　坐标　继续 HD*　　245.777 m dHD:　　－3.223 m dZ:　　　－0.067 m 模式　角度　坐标　继续
⑥按 F1 (模式)键进行精测	F1	HD*[r]　　　　< m dHD:　　　　　m dZ:　　　　　　m 模式　角度　坐标　继续 HD*　　244.789 m dHD:　　－3.213 m dZ:　　　－0.047 m 模式　角度　坐标　继续
⑦当显示值 dHR,dHD 和 dZ 均为 0 时,则放样点的测设已经完成		
⑧按 F3 (坐标)键,即显示坐标值	F3	N:　　　　12.322 m E:　　　　34.286 m Z:　　　　1.577 2 m 模式　角度　---　继续
⑨按 F4 (继续)键,进入下一个放样点的测设	F4	放样 点号: 输入　调用　坐标　回车

(七)基本设置下的项目

按住 F4 键开机,可作如表 8-31 所示的设置。

表 8-31　基本设置

菜单	项目	选择项	内容
单位设置	英尺	F1:美国英尺 F2:国际英尺	选择 m/f 转换系数 美国英尺:1 m = 3.280 333 333 333 3 ft 国际英尺:1 m = 3.280 839 895 013 123 ft
	角度	度(360°) 哥恩(400 G) 密位(6 400 M)	选择测角单位 DEG/GON/MIL(度/哥恩/密位)
	距离	m / ft / ft. in	选择测距单位:m / ft / ft + in(米/英尺/英尺. 英寸)
	温度气压	温度:℃ / ℉ 气压:hPa /mmHg/inHg	选择温度单位:℃ / ℉ 选择气压单位:hPa /mmHg/inHg
模式设置	开机模式	测角/测距	选择开机后进入测角模式或测距模式
	精测/跟踪	精测 / 跟踪	选择开机后的测距模式,精测/跟踪
	HD&VD /SD	平距和高差/斜距	说明开机后的数据项显示顺序,平距和高差或斜距
	垂直零/水平零	垂直零/水平零	选择垂直角读数从天顶方向为零基准或水平方向为零基准计数
	N 次测量/复测	N 次测量/复测	选择开机后测距模式,N 次/重复测量
	测量次数	0～99	设置测距次数,若设置为 1 次,即为单次测量
	关测距时间	1～99	设置测距完成后到测距功能中断的时间可以此功能
	格网因子	使用 / 不使用	使用或不使用格网因子
	NEZ/ENZ	NEZ / ENZ	坐标显示顺序为 N/E/Z 或 E/N/Z
其他设置	水平角蜂鸣声	开 / 关	说明每当水平角过 90°时是否要发出蜂鸣声
	测距蜂鸣	开 / 关	当有回光信号时是否蜂鸣
	两差改正	0.14/0.20/关	大气折光和曲率改正的设置

(八) 出错信息代码表

出错信息代码见表 8-32。

表 8-32　出错信息代码

错误代码	错误说明	处理措施
计算错误	数据输入错误,无法计算	正确输入数据
删除错误	删除坐标数据操作不成功	确认待删除的坐标数据重新删除
文件已存在	该文件名已存在	改用别的文件名
文件溢出	创建文件时,已存在 48 个文件	如有必要,可先发送或删除若干文件
初始化失败	初始化不成功	确认待初始化的数据,再试一下初始化
超限	输入数据超限	重新输入
存储错误	内存出异常	将内存初始化
内存空间不足	内存容量不足	将数据从内存下载到计算机
数据不存在	查找模式下找不到数据	确认数据存在,然后再查找
无文件不存在	内存中无文件存在	必要时可建文件
文件名错误	未选定文件情况下使用文件	确认文件存在,再选定一个文件
距离太短	相对于直线的目标点测量,第 1 点与第 2 点之间的距离在 1 m 以内	要使第 1 点与第 2 点之间的距离大于 1 m
点号已存在	新点号在内存中已存在	设置新点名,重新输入
点名错误	输入不正确名字或点号在内存中不存在	输入正确名字或输入文件中的点号
X 补偿超限	仪器倾斜误差超过 3′	精确整平仪器
ERROR01-08	角度测量系统出现异常	如果连续出现此错误信息码,则该仪器必须送修

当出现 E* 的错误提示后,若经过处理后错误信息仍然继续存在,则可与测绘仪器公司或厂家取得联系。

参 考 文 献

[1] 黄朝禧. 测量学实验指导[M]. 北京:中国农业出版社,2007.

[2] 王红. 园林工程测量[M]. 北京:机械工业出版社,2011.

[3] 张远智. 园林工程测量[M]. 北京:中国建材工业出版社,2005.

[4] 郑金兴. 园林测量[M]. 北京:高等教育出版社,2005.

[5] 周文国,郝延锦. 建筑工程测量[M]. 北京:科学出版社,2005.

[6] 胡伍生,朱小华. 测量实习指导书[M]. 南京:南京大学出版社,2004.

[7] 王侬,过静君. 现代普通测量学[M]. 北京:清华大学出版社,2001.

[8] 卞正富. 测量学 [M]. 北京:中国农业出版社,2001.

[9] 张正禄. 工程测量学[M]. 武汉:武汉大学出版社,2005.

[10] 覃辉. 土木工程测量[M]. 上海:同济大学出版社,2004.

[11] 杨国范. 普通测量学[M]. 北京:中国农业出版社,2004.